理工科电子信息类DIY系列丛书

单片微型计算机
实验与实践

U0396047

● 邹丽新　陈蕾　陈大庆　邱国平　编著

苏州大学出版社

图书在版编目(CIP)数据

单片微型计算机实验与实践／邹丽新等编著. —苏州：苏州大学出版社,2017.4 (2024.12重印)
理工科电子信息类DIY系列丛书
ISBN 978-7-5672-2007-2

Ⅰ.①单… Ⅱ.①邹… Ⅲ.①单片微型计算机–实验–高等学校–教材 Ⅳ.①TP368.1-33

中国版本图书馆CIP数据核字(2017)第012756号

内 容 简 介

本书是《理工科电子信息类DIY系列丛书》中的一本. 全书以51系列单片微型计算机的教学内容为主线,分实验篇和应用篇两大部分,共12章. 在介绍基本的软件、硬件实验的基础上,介绍了许多单片微机常用的接口应用实例,内容由浅入深,涉及面较宽,且相对独立. 本书不仅适用于本科、大专、职教、成教等各种层次的学生,还可作为从事微机技术工作的工程技术人员的参考书.

单片微型计算机实验与实践

邹丽新　陈　蕾　陈大庆　邱国平　编著

责任编辑　苏　秦

苏州大学出版社出版发行
(地址:苏州市十梓街1号　邮编:215006)
广东虎彩云印刷有限公司印装
(地址:东莞市虎门镇黄村社区厚虎路20号C幢一楼　邮编:523898)

开本 787 mm×1 092 mm　1/16　印张 13.25　字数 323 千
2017 年 4 月第 1 版　2024 年 12 月第 3 次印刷
ISBN 978-7-5672-2007-2　定价:38.00 元

苏州大学版图书若有印装错误,本社负责调换
苏州大学出版社营销部　电话:0512-67481020
苏州大学出版社网址　http://www.sudapress.com

前　　言

随着微型计算机技术运用进程的不断加快,"微型计算机原理及应用"课程更加受到重视.近年来,微型计算机应用技术迅猛发展,应用领域不断拓宽,许多高等院校根据这一形势,对"微型计算机原理及应用"课程的内容做了适当调整,部分学校和专业已经删去了8086、8088CPU部分.而在我国最早得到推广应用,并迅速占领我国单片微机技术应用市场的 MCS-51,目前仍然在我国被广泛应用.这是因为 Intel 公司实施了对 MCS-51 技术的开放政策,这一策略使 MCS-51 兼容单片微机的产品种类和数量得到了迅速的发展.众多半导体厂商在 MCS-51 单片微机的基础上,结合了最新的技术成果,推出了各具特色的 MCS-51 兼容单片微机.因此 MCS-51 系列单片微机仍然是我国单片微机应用领域的主流,从而使我国众多高等院校的"微型计算机原理及应用"课程转为主要讲授 MCS-51 系列单片微机.

本书是《理工科电子信息类 DIY 系列丛书》中的一本,为了使本系列实验指导书能更适应广大读者对"微型计算机原理及应用"课程的学习需要,我们在上一版的基础上进行了修订再版.此次修订再版根据目前高等院校开设"微型计算机原理及应用"课程的实际情况,对内容做了较大的调整和补充,删去了 8086、8088CPU 部分,并将书名改为《单片微型计算机实验与实践》,重点介绍 MCS-51 系列单片微机的实验及应用实例,该教材的特点是在介绍基本的软件、硬件实验的基础上,还介绍了许多单片微机常用的接口应用实例.

全书分为实验篇和应用篇两大部分,共 12 章,其中,第 1～第 5 章为实验篇,第 6～第 12 章为应用篇.

第 1～第 4 章采用汇编语言编写程序,第 5～第 11 章采用 C 语言编写程序.本书内容由浅入深,涉及面较宽且相对独立,可作为高等学校单片微型计算机课程的实验教材,也可作为学生创新实践的参考用书,还可作为从事微机技术工作的工程技术人员的参考书.

本书由苏州大学文正学院邹丽新教授、陈蕾副教授、邱国平高工和苏州大学物理与光电·能源学部陈大庆讲师负责编写.邹丽新编写了第 1 章、第 3 章部分内容、第 4 章部分内容、第 7 章和第 12 章;陈蕾编写了第 2 章、第 4 章部分内容、第 5 章和第 6 章;陈大庆编写了第 8 章、第 9 章、第 10 章和第 11 章;邱国平编写了第 3 章部分内容,并绘制了本书的全部插图.

在本书修订再版期间各兄弟院校的教师提出了不少宝贵意见和建议,在此一并致以衷心的感谢.

由于编著者水平有限,错误、遗漏和不妥之处在所难免,敬请各位读者批评指正.

编著者

2017 年 4 月

目录

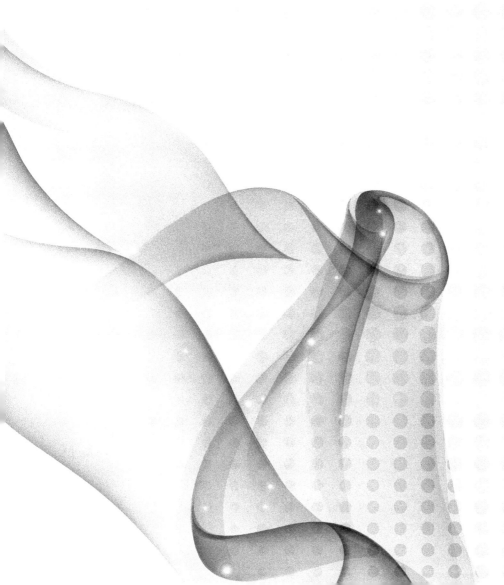

实 验 篇

第 1 章　51 系列单片微型计算机简介

单片微型计算机(简称单片机)技术在现代社会的各个领域正越来越广泛地得到应用. 目前 51 系列单片微机仍然被广泛应用. 这是因为 Intel 公司实施了对 51 系列单片微机的技术开放政策,与多家半导体公司签订了技术协议,允许这些公司在 51 内核的基础上开发与之兼容的新型产品.这一策略使 51 系列兼容单片微机的产品种类和数量得到了迅速的发展.众多半导体厂商在 51 系列单片微机的基础上,结合了最新的技术成果,推出了各具特色的 51 兼容单片微机.这给 51 单片微机这一早期开发的产品赋予了新的生命力,并形成了众星捧月、不断更新、长久不衰的发展格局,在 8 位单片微机的发展中成为一道独特的风景线. 51 系列以及由其派生出的 ATMEL89CX 系列、PHILIPS 80C51 系列、NXP 80C51 系列、C8051F 系列、华邦系列、Dallas 系列、STC 系列等以其优越的性能、成熟的技术及高可靠性和高性能价格比,迅速占领了工业测控和智能仪器仪表应用的主要市场,成为国内单片微机应用领域的主流.

1.1　51 系列单片微型计算机的硬件组成

51 系列单片微机在一块芯片中集成了 CPU、ROM、RAM、定时器/计数器和多种功能的 I/O 口等一台计算机所需要的基本功能部件.如图 1-1 所示为 MCS-52 单片微机的基本结构框图.

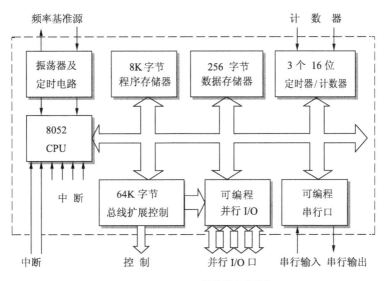

图 1-1　MCS-52 单片微机框图

MCS-52 单片微机内部主要包含了下列几个部件：

- 一个 8 位 CPU.
- 一个片内振荡器及定时电路.
- 8K 字节程序存储器.
- 256 字节数据存储器.
- 3 个 16 位定时器/计数器.
- 一个可编程全双工串行口.
- 4 个 8 位可编程并行 I/O 端口.
- 64K 字节外部数据存储器和 64K 字节程序存储器扩展控制电路.
- 6 个中断源.
- 两个优先级嵌套中断结构.

以上各部分通过总线相连接.

51 系列单片微机的处理器及内部结构如图 1-2 所示.

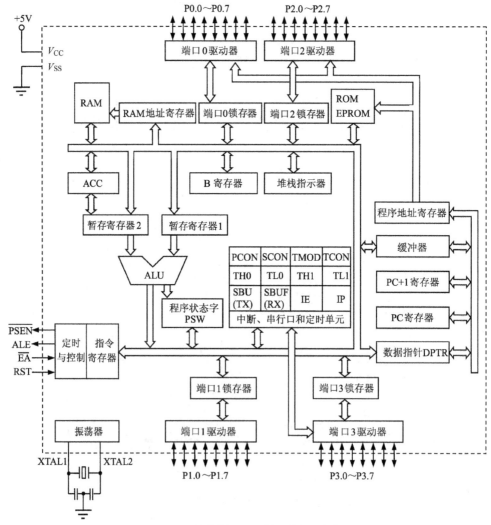

图 1-2　51 单片微机处理器及内部结构框图

和一般微处理器相比,它除了增加了接口部分外,基本结构是相似的,只是有的部件名称不同.如程序状态字 PSW(Program Status Word)就相当于一般微处理器中的标志寄存器 FR(Flag Register).但也有明显不同的地方,如数据指针 DPTR(Data Pointer)是专门为指示存储器地址而设置的寄存器.CPU 是单片微机的核心部件,它是由运算器、控制器和若干个专用寄存器等部件组成的.

1.2　51 系列单片微型计算机的引脚功能

51 系列单片微机中各种型号芯片的引脚是相互兼容的,40 引脚双列直插封装引脚排列如图 1-3(a)所示,图(b)为功能框图.

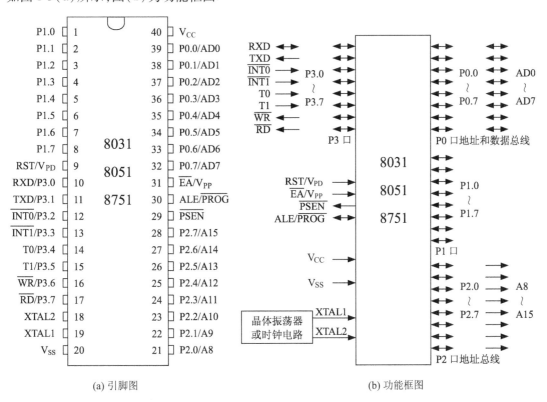

(a) 引脚图　　　　　　　　　　　　(b) 功能框图

图 1-3　MCS-51 单片微机引脚图

❋ 一、主电源引脚 V_{CC} 和 V_{SS}

- V_{CC}(40):正常操作时接 +5V 电源.
- V_{SS}(20):接地.

❋ 二、外接晶体引脚 XTAL1 和 XTAL2

- XTAL1(19):接外部晶体和微调电容的一个引脚.
- XTAL2(18):接外部晶体和微调电容的另一个引脚.

三、控制或其他电源复用引脚RST/V_{PD}、ALE/$\overline{PROG}$、$\overline{PSEN}$和$\overline{EA}$/V_{PP}

* RST/V$_{PD}$(9)：当振荡器工作时,在此引脚上出现两个机器周期的高电平将使单片微机复位.
* ALE/$\overline{PROG}$(30)：当访问外部存储器时,CPU 输出地址锁存允许 ALE(Address Latch Enable)信号,用于锁存低 8 位地址信息.对于片内有程序存储器的单片微机,在编程期间,此引脚用于输入编程脉冲信号($\overline{PROG}$).
* $\overline{PSEN}$(29)：该端输出外部程序存储器读选通信号.
* $\overline{EA}$/V$_{PP}$(31)：访问外部程序存储器控制端.当$\overline{EA}$端保持高电平时,单片微机复位后,访问内部程序存储器,当$\overline{EA}$保持低电平时,则只访问外部程序存储器,而不管内部是否有程序存储器.

四、输入/输出引脚P0.0～P0.7、P1.0 ～P1.7、P2.0～P2.7、P3.0～P3.7

* P0.0～P0.7(39～32)：P0 是一个 8 位漏极开路型双向 I/O 口.在访问外部存储器时可作为地址(低 8 位)/数据分时复用总线使用.作为地址/数据分时复用总线时,在访问存储器期间能激活内部的上拉电阻,此时 P0 成为一个双向口.
* P1.0～P1.7(1～8)：P1 是一个内部带上拉电阻的 8 位准双向 I/O 口.
* P2.0～P2.7(21～28)：P2 是一个内部带上拉电阻的8 位准双向 I/O 口.在访问外部存储器时,它送出高 8 位地址.
* P3.0～P3.7(10～17)：P3 是一个内部带上拉电阻的 8 位准双向 I/O 口,P3 每个引脚分别具有第二功能,如表 1-1 所示.

表 1-1　P3 各口线的第二功能

口　线	第 二 功 能
P3.0	RXD(串行口输入)
P3.1	TXD(串行口输出)
P3.2	$\overline{INT0}$(外部中断 0 外部输入)
P3.3	$\overline{INT1}$(外部中断 1 外部输入)
P3.4	T0(定时器/计数器 0 外部输入)
P3.5	T1(定时器/计数器 1 外部输入)
P3.6	$\overline{WR}$(外部数据存储器写选通)
P3.7	$\overline{RD}$(外部数据存储器读选通)

1.3　51 系列单片微型计算机的存储器与寄存器结构

51 系列单片微机的存储器结构和配置与常见的微型计算机的配置方式不同,它把程序存储器和数据存储器分开,即程序存储器和数据存储器独立编址,各有自己的寻址系统.从物理地址空间分析,有 4 个存储器空间:片内程序存储器、片外程序存储器、片内数据存储器和片外数据存储器.从逻辑地址空间分析,有 3 个存储器空间:片内外统一的 64KB 程序存储器地址空间、256B(对 51 子系列)或 384B(对 52 子系列)的内部数据存储器地址空间(其中有 128B 的专用寄存器地址空间)及 64KB 的外部数据存储器地址空间.51 系列存储器的配置如图 1-4 所示.

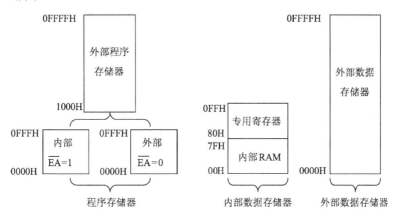

(a)　51 子系列

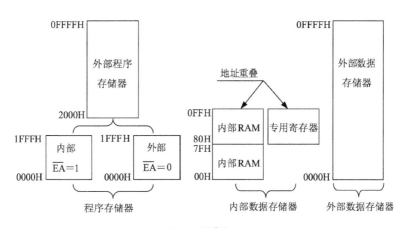

(b)　52 子系列

图 1-4　MCS-51 单片微机存储器的配置

一、程序存储器

51 系列中,64KB 程序存储器的地址空间是统一的.对于有内部程序存储器的单片微机,应把 $\overline{EA}$ 引脚接高电平,使程序从内部程序存储器开始执行,当 PC 值超过内部程序存储器的容量时,会自动转向外部程序存储器地址空间.无内部程序存储器的芯片,$\overline{EA}$ 引脚应始终接低电平,迫使系统复位后从外部程序存储器中取指令.

64KB 程序存储器中有 7 个单元具有特殊功能.

对于 0000H 单元,MCS-51 系统复位后程序计数器 PC 的内容为 0000H,故系统是从 0000H 单元开始取指,执行程序.

除了 0000H 单元外,0003H、000BH、0013H、001BH、0023H 和 002BH 这 6 个单元分别对

应于 6 种中断服务子程序的入口地址,如表 1-2 所示.通常在这些入口地址处都安放一条绝对跳转指令,而真正的中断服务子程序则是从转移地址开始安放的,这 6 个单元又称为中断矢量单元地址,因此 0003H ~ 002BH 单元应被保留专用于中断服务处理.

表 1-2 各中断源所对应的中断入口地址

中 断 源	入 口 地 址
外部中断 0	0003H
定时器/计数器 0 溢出中断	000BH
外部中断 1	0013H
定时器/计数器 1 溢出中断	001BH
串行口	0023H
*定时器/计数器 2 溢出或 T2EX(P1.1)端负跳变时	002BH

注:标有"*"的为 52 子系列所特有.

二、内部数据存储器

51 系列的数据存储器无论从物理上还是逻辑上都分为两个地址空间,一个是内部数据存储器;另一个为外部数据存储器.

内部数据存储器在物理上又可以分为 3 个不同的块:00H ~ 07FH(0 ~ 127)单元组成的低 128 字节的 RAM 块、80H ~ 0FFH(128 ~ 255)单元组成的高 128 字节的 RAM 块(仅为 52 子系列所有)、80H ~ 0FFH(128 ~ 255)单元组成的高 128 字节的专用寄存器块(SFR).应注意的是,高 128 字节的 SFR 块中仅有 26 个字节是有定义的,若访问的是这一块中没有定义的单元,则将得到一个随机数.

1. 内部 RAM.

MCS-51 的内部 RAM 结构如图 1-5 所示,其中 00H ~ 1FH(0 ~ 31)单元共 32 个字节是 4 个通用工作寄存器区,每个区含有 8 个工作寄存器,标识符为 R0 ~ R7.

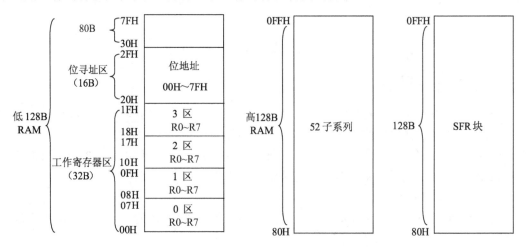

图 1-5 MCS-51 内部 RAM 结构

内部 RAM 的 20H～2FH 为位寻址区,位地址如表 1-3 所示.

表 1-3　内部 RAM 位寻址区位地址

位　地　址								字节地址
D7	D6	D5	D4	D3	D2	D1	D0	
7F	7E	7D	7C	7B	7A	79	78	2FH
77	76	75	74	73	72	71	70	2EH
6F	6E	6D	6C	6B	6A	69	68	2DH
67	66	65	64	63	62	61	60	2CH
5F	5E	5D	5C	5B	5A	59	58	2BH
57	56	55	54	53	52	51	50	2AH
4F	4E	4D	4C	4B	4A	49	48	29H
47	46	45	44	43	42	41	40	28H
3F	3E	3D	3C	3B	3A	39	38	27H
37	36	35	34	33	32	31	30	26H
2F	2E	2D	2C	2B	2A	29	28	25H
27	26	25	24	23	22	21	20	24H
1F	1E	1D	1C	1B	1A	19	18	23H
17	16	15	14	13	12	11	10	22H
0F	0E	0D	0C	0B	0A	09	08	21H
07	06	05	04	03	02	01	00	20H

2. 专用寄存器.

MCS-51 内部锁存器、定时器/计数器、串行口、数据缓冲器及各种控制寄存器和状态寄存器都是以专用寄存器的形式出现的,它们分散地分布在高 128 字节的内部数据存储器(80H～0FFH)内. 表 1-4 列出了这些专用寄存器的助记标识符、名称及地址,表 1-5 介绍了专用寄存器的详细地址.

表 1-4　专用寄存器(除 PC 外)

标 识 符	名　称	地　址
＊ACC	累加器	0E0H
＊B	B 寄存器	0F0H
＊PSW	程序状态字	0D0H
SP	堆栈指针	81H
DPTR	堆栈指针(包括 DPH 和 DPL)	83H 和 82H
＊P0	口 0	80H

标 识 符	名　称	地　址
＊P1	口 1	90H
＊P2	口 2	0A0H
＊P3	口 3	0B0H
＊IP	中断优先级控制	0B8H
＊IE	允许中断控制	0A8H
TMOD	定时器/计数器方式控制	89H
＊TCON	控制寄存器	88H
＋＊T2CON	定时器/计数器 2 控制	0C8H
TH0	定时器/计数器 0(高位字节)	8CH
TL0	定时器/计数器 0(低位字节)	8AH
TH1	定时器/计数器 1(高位字节)	8DH
TL1	定时器/计数器 1(低位字节)	8BH
＋TH2	定时器/计数器 2(高位字节)	0CDH
＋TL2	定时器/计数器 2(低位字节)	0CCH
＋RLDH	定时器/计数器 2 自动再装载(高位字节)	0CBH
＋RLDL	定时器/计数器 2 自动再装载(低位字节)	0CAH
＊SCON	串行控制	98H
SBUF	串行数据缓冲器	99H
PCON	电源控制	87H

注：带"＊"号寄存器可按字节和按位寻址，带"＋"号的寄存器是与定时器/计数器 2 有关的寄存器，仅在 52 子系列中存在.

表 1-5　专用寄存器地址表

位　地　址								字节地址	标 识 符
P0.7	P0.6	P0.5	P0.4	P0.3	P0.2	P0.1	P0.0	80	P0
87	86	85	84	83	82	81	80		
								81	SP
			—					82	DPL
								83	DPH
								87	PCON
TF1	TR1	TF0	TR0	IE1	IT1	IE0	IT0	88	TCON
8F	8E	8D	8C	8B	8A	89	88		

续表

位　地　址								字节地址	标 识 符
								89	TMOD
								8A	TL0
		—						8B	TL1
								8C	TH0
								8D	TH1
P1.7	P1.6	P1.5	P1.4	P1.3	P1.2	P1.1	P1.0	90	P1
97	96	95	94	93	92	91	90		
SM0	SM1	SM2	REN	TB8	RB8	TI	RI	98	SCON
9F	9E	9D	9C	9B	9A	99	98		
			—					99	SBUF
P2.7	P2.6	P2.5	P2.4	P2.3	P2.2	P2.1	P2.0	A0	P2
A7	A6	A5	A4	A3	A2	A1	A0		
EA	—	ET2	ES	ET1	EX1	ET0	EX0	A8	IE
AF	—	AD	AC	AB	AA	A9	A8		
P3.7	P3.6	P3.5	P3.4	P3.3	P3.2	P3.1	P3.0	B0	P3
B7	B6	B5	B4	B3	B2	B1	B0		
—	—	PT2	PS	PT1	PX1	PT0	PX0	B8	IP
—	—	BD	BC	BB	BA	B9	B8		
CY	AC	F0	RS1	RS0	OV		P	D0	PSW
D7	D6	D5	D4	D3	D2	D1	D0		
ACC·7	ACC·6	ACC·5	ACC·4	ACC·3	ACC·2	ACC·1	ACC·0	E0	ACC
E7	E6	E5	E4	E3	E2	E1	E0		
—	—	—	—	—	—	—	—	F0	B
F7	F6	F5	F4	F3	F2	F1	F0		

下面将介绍部分专用寄存器.

（1）程序计数器 PC.

程序计数器 PC 用于安放下一条将要执行的指令的地址（程序存储器地址），它是一个 16 位专用寄存器，可以满足程序存储器 64KB 字节的寻址要求. PC 在物理上是独立的，它不属于内部数据存储器 SFR 块.

（2）累加器 ACC.

累加器是一个最常用的专用寄存器，大部分单操作数指令的操作数取自累加器.

（3）B 寄存器.

在乘除指令中，用到了 B 寄存器.

（4）程序状态字 PSW.

程序状态字是一个 8 位寄存器，即 | CY | AC | F0 | RS1 | RS0 | OV | — | P | ，它反映了程序状态信息，其各位的功能说明如下.

- CY（PSW.7）：进位标志.
- AC（PSW.6）：辅助进位标志.
- F0（PSW.5）：用户标志.
- RS1、RS0（PSW.4 、PSW.3）：寄存器区选择控制位，可以用软件来置位或清除以确定工作寄存器区.

RS1、RS0 与寄存器区的对应关系如下：

RS1	RS0	工作寄存器区
0	0	0 区（00H ~ 07H）
0	1	1 区（08H ~ 0FH）
1	0	2 区（10H ~ 17H）
1	1	3 区（18H ~ 1FH）

- OV（PSW.2）：溢出标志.
- PSW.1：保留位，未用.
- P（PSW.0）：奇偶标志，每个指令周期都由硬件置位或清除，以表示累加器 A 中为 1 的位数的奇偶.若为 1 的位数为奇数，则 P = 1，否则 P = 0.

（5）堆栈指针 SP.

堆栈指针 SP 是一个 8 位专用寄存器，它指示出堆栈顶部在内部 RAM 中的位置.系统复位后，SP 初始化为 07H，使得系统的堆栈从 08H 单元开始，因为 08H 是工作寄存器 1 区中的 R0，所以一般应使用指令对其重新定义.

（6）串行数据缓冲器 SBUF.

串行数据缓冲器 SBUF 用于存放待发送或已接收的数据，它实际上由两个独立的寄存器组成，一个是发送缓冲器，一个是接收缓冲器.当把发送的数据送 SBUF 时，进的是发送缓冲器，当要从 SBUF 取数据时，则取自接收缓冲器.

三、外部数据存储器

MCS-51 的外部数据存储器寻址空间为 64KB，这对很多应用场合已足够使用.对外部数据存储器均采用间接寻址方式，运用 MOVX 指令.R0、R1 和 DPTR 都可以作为间址寄存器用.

1.4 51 系列单片微型计算机的指令系统

51 系列的指令系统是一个具有 255 种操作代码的集合.42 种指令功能助记符、7 种寻址方式，一共构造出 111 种指令.111 种指令中，单字节指令 49 种，双字节指令 46 种，三字节指令仅 16 种.

按指令的功能，可以把 111 种指令分成下面 5 类：

- 数据传送类(28 条).
- 算术运算类(24 条).
- 逻辑运算类(25 条).
- 控制转移类(17 条).
- 位操作类(17 条).

一、数据传送类指令

数据的传送是一种最基本、最主要的操作.所谓"传送",是把源地址单元的内容传送到目的地址单元中去,而源地址单元的内容不变;或源、目的地址单元的内容互换.

数据传送类指令用到的助记符有 MOV、MOVX、MOVC、XCH、XCHD、PUSH、POP 7 种.此外,MCS-51 单片机的指令系统还有一条 16 位的传送指令,专用于设定数据指针 DPTR.

1. 内部存储器间的传送指令.

(1) 以累加器为目的操作数的指令.

指令格式及其功能如下:

```
MOV    A,Rn              ;(A)←(Rn)
MOV    A,direct          ;(A)←(direct)
MOV    A,@Ri             ;(A)←((Ri))
MOV    A,#data           ;(A)←data
```

(2) 以寄存器 Rn 为目的操作数的指令.

指令格式及其功能如下:

```
MOV    Rn,A              ;(Rn)←(A)
MOV    Rn,direct         ;(Rn)←(direct)
MOV    Rn,#data          ;(Rn)←data
```

(3) 以直接地址 direct 为目的操作数的指令.

指令及其格式功能如下:

```
MOV    direct,A          ;(direct)←(A)
MOV    direct,Rn         ;(direct)←(Rn)
MOV    direct1,direct2   ;(direct1)←(direct2)
MOV    direct,@Ri        ;(direct)←((Ri))
MOV    direct,#data      ;(direct)←data
```

(4) 以间接地址为目的操作数的指令.

指令及其格式功能如下:

```
MOV    @Ri,A             ;((Ri))←(A)
MOV    @Ri,direct        ;((Ri))←(direct)
MOV    @Ri,#data         ;((Ri))←data
```

2. 16 位数据传送指令.

指令格式及其功能如下:

```
MOV    DPTR,#data16      ;(DPH)←dataH,(DPL)←dataL
```

3. 堆栈操作指令.

（1）入栈指令.

指令及其格式功能如下：

  PUSH direct   ; $(SP) \leftarrow (SP) + 1, ((SP)) \leftarrow (direct)$

（2）出栈指令.

指令及其格式功能如下：

  POP direct   ; $(direct) \leftarrow ((SP)), (SP) \leftarrow (SP) - 1$

4. 交换指令.

（1）字节交换指令.

指令格式及其功能如下：

  XCH A, Rn   ; $(A) \leftrightarrow (Rn)$

  XCH A, direct   ; $(A) \leftrightarrow (direct)$

  XCH A, @Ri   ; $(A) \leftrightarrow ((Ri))$

（2）半字节交换指令.

指令格式及其功能如下：

  XCHD A, @Ri   ; $(A)_{0 \sim 3} \leftrightarrow ((Ri))_{0 \sim 3}$

5. 程序存储器读数据指令.

（1）远程查表指令.

指令格式及其功能如下：

  MOVC A, @A + DPTR ; $(A) \leftarrow ((A) + (DPTR))$

（2）近程查表指令.

指令格式及其功能如下：

  MOVC A, @A + PC ; $(PC) \leftarrow (PC) + 1, (A) \leftarrow ((A) + (PC))$

6. 累加器 A 与外部数据存储器传送数据指令.

（1）外部数据存储器内容送累加器（即读外部数据存储器）.

指令格式及其功能如下：

  MOVX A, @Ri   ; $(A) \leftarrow ((Ri))$，指令执行时 P2 同时送出高 8 位地址

  MOVX A, @DPTR ; $(A) \leftarrow ((DPTR))$

在执行这两条指令时，P3.7 引脚上输出有效的 $\overline{RD}$ 信号，用作外部数据存储器的读选通信号.

（2）累加器内容送外部数据存储器（即写外部数据存储器）.

指令格式及其功能如下：

  MOVX @Ri, A   ; $((Ri)) \leftarrow (A)$，指令执行时 P2 同时送出高 8 位地址

  MOVX @DPTR, A ; $((DPTR)) \leftarrow (A)$

在执行这两条指令时，P3.6 引脚上输出有效的 $\overline{WR}$ 信号，用作外部数据存储器的写选通信号.

✿ 二、算术运算类指令

1. 加法指令（ADD、ADDC、DA）.

（1）不带进位加法指令．

指令格式及其功能如下：

ADD	A,Rn	;（A）←（A）+（Rn）
ADD	A,direct	;（A）←（A）+（direct）
ADD	A,@ Ri	;（A）←（A）+（（Ri））
ADD	A,#data	;（A）←（A）+ data

（2）带进位加法指令．

指令格式及其功能如下：

ADDC	A,Rn	;（A）←（A）+（Rn）+ CY
ADDC	A,direct	;（A）←（A）+（direct）+ CY
ADDC	A,@ Ri	;（A）←（A）+（（Ri））+ CY
ADDC	A,#data	;（A）←（A）+ data + CY

（3）进制调整指令．

指令格式及其功能如下：

DA A	;调整累加器 A 的内容为 BCD 码

2．减法指令（SUBB）．

指令格式及其功能如下：

SUBB	A,Rn	;（A）←（A）−（Rn）− CY
SUBB	A,direct	;（A）←（A）−（direct）− CY
SUBB	A,@ Ri	;（A）←（A）−（（Ri））− CY
SUBB	A,#data	;（A）←（A）− data − CY

3．递增/减指令（INC、DEC）．

（1）增 1 指令．

指令格式及其功能如下：

INC	A	;（A）←（A）+1
INC	Rn	;（Rn）←（Rn）+1
INC	direct	;（direct）←（direct）+1
INC	@ Ri	;（（Ri））←（（Ri））+1
INC	DPTR	;（DPTR）←（DPTR）+1

（2）减 1 指令．

指令格式及其功能如下：

DEC	A	;（A）←（A）−1
DEC	Rn	;（Rn）←（Rn）−1
DEC	direct	;（direct）←（direct）−1
DEC	@ Ri	;（（Ri））←（（Ri））−1

4．乘法指令（MUL）．

指令格式及其功能如下：

MUL	AB	;（B）（A）←（A）×（B）

5. 除法指令(DIV).

指令格式及其功能如下：

DIV　AB　　　　　　　　 ；(A)←(A)/(B)的商,(B)←(A)/(B)的余数

三、逻辑运算类指令

1. 累加器专用指令(CLR、CPL、RL、RR、RLC、RRC、SWAP).

(1)累加器清零.

指令格式及其功能如下：

CLR　A　　　　　　　　　 ；(A)←0

(2)累加器内容按位取反.

指令格式及其功能如下：

CPL　A　　　　　　　　　 ；$(A) \leftarrow \overline{(A)}$

(3)累加器内容循环左移.

指令格式及其功能如下：

RL　A　　　；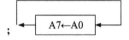

(4)累加器带进位循环左移.

指令格式及其功能如下：

RLC　A　　　；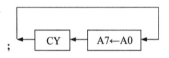

(5)累加器内容循环右移.

指令格式及其功能如下：

RR　A　　　；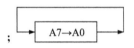

(6)累加器带进位循环右移.

指令格式及其功能如下：

RRC　A　　　；

(7)累加器半字节交换.

指令格式及其功能如下：

SWAP　A　　　　　　　　 ；$(A)_{0\sim3} \leftrightarrow (A)_{4\sim7}$

2. 与(ANL)、或(ORL)、异或(XRL).

(1)逻辑与.

指令格式及其功能如下：

ANL　A,Rn　　　　　　　　 ；(A)←(A)∧(Rn)

ANL　A,direct　　　　　　 ；(A)←(A)∧(direct)

ANL　A,@ Ri　　　　　　　 ；(A)←(A)∧((Ri))

ANL　A,#data　　　　　　 ；(A)←(A)∧data

ANL　direct,A　　　　　　; (direct)←(direct)∧(A)

ANL　direct,#data　　　　; (direct)←(direct)∧data

（2）逻辑或.

指令格式及其功能如下：

ORL　A,Rn　　　　　　　; (A)←(A)∨(Rn)

ORL　A,direct　　　　　　; (A)←(A)∨(direct)

ORL　A,@Ri　　　　　　　; (A)←(A)∨((Ri))

ORL　A,#data　　　　　　; (A)←(A)∨data

ORL　direct,A　　　　　　; (direct)←(direct)∨(A)

ORL　direct,#data　　　　; (direct)←(direct)∨data

（3）逻辑异或.

指令格式及其功能如下：

XRL　A,Rn　　　　　　　; (A)←(A)⊕(Rn)

XRL　A,direct　　　　　　; (A)←(A)⊕(direct)

XRL　A,@Ri　　　　　　　; (A)←(A)⊕((Ri))

XRL　A,#data　　　　　　; (A)←(A)⊕data

XRL　direct,A　　　　　　; (direct)←(direct)⊕(A)

XRL　direct,#data　　　　; (direct)←(direct)⊕data

❋ 四、控制转移类指令

1. 无条件转移(LJMP、AJMP、SJMP、JMP).

（1）2KB 内跳转.

指令格式及其功能如下：

AJMP　addr11　　　　　; $(PC)+2\to(PC)$, addr11$\to(PC)_{10\sim0}$, $(PC)_{15\sim11}$不变

（2）长跳转.

指令格式及其功能如下：

LJMP　addr16　　　　　; addr16$\to(PC)$

（3）相对转移(短跳转).

指令格式及其功能如下：

SJMP　rel　　　　　　　; $(PC)+2\to(PC)$, $(PC)+rel\to(PC)$

（4）跳转(散转).

指令格式及其功能如下：

JMP　@A+DPTR　　　　; $(A)+(DPTR)\to(PC)$

2. 调用子程序及返回(LCALL、ACALL、RET、RETI).

（1）2KB 内调用.

指令格式及其功能如下：

ACALL　addr11　　　　　; $(PC)+2\to(PC)$

　　　　　　　　　　　　; $(SP)+1\to(SP)$

$$; (PC)_{7\sim0} \rightarrow ((SP))$$
$$; (SP) + 1 \rightarrow (SP)$$
$$; (PC)_{15\sim8} \rightarrow ((SP))$$
$$; Addr11 \rightarrow (PC)_{10\sim0}$$
$$; (PC_{15\sim11})不变$$

（2）长调用.
指令格式及其功能如下:

LCALL addr16

$$; (PC) + 3 \rightarrow (PC)$$
$$; (SP) + 1 \rightarrow (SP)$$
$$; (PC)_{7\sim0} \rightarrow ((SP))$$
$$; (SP) + 1 \rightarrow (SP)$$
$$; (PC)_{15\sim8} \rightarrow ((SP))$$
$$; addr16 \rightarrow (PC)$$

（3）子程序返回.
指令格式及其功能如下:

RET

$$; ((SP)) \rightarrow (PC)_{15\sim8}$$
$$; (SP) - 1 \rightarrow (SP)$$
$$; ((SP)) \rightarrow (PC)_{7\sim0}$$
$$; (SP) - 1 \rightarrow (SP)$$

（4）中断返回.
指令格式及其功能如下:

RETI

$$; ((SP)) \rightarrow (PC)_{15\sim8}$$
$$; (SP) - 1 \rightarrow (SP)$$
$$; ((SP)) \rightarrow (PC)_{7\sim0}$$
$$; (SP) - 1 \rightarrow (SP)$$

3. 条件转移.
（1）判零转移.
指令格式及其功能如下:

JZ rel

$$; (PC) + 2 \rightarrow (PC)$$
$$; 若(A) = 0, 则(PC) \leftarrow (PC) + rel$$
$$; 若(A) \neq 0, 则顺序执行程序$$

JNZ rel

$$; (PC) + 2 \rightarrow (PC)$$
$$; 若(A) \neq 0, 则(PC) \leftarrow (PC) + rel$$
$$; 若(A) = 0, 则顺序执行程序$$

（2）比较不相等转移.
指令格式及其功能如下:

CJNE A,direct,rel

$$; (PC) + 3 \rightarrow (PC)$$
$$; 若(A) > (direct), 则(PC) + rel \rightarrow (PC), 且0 \rightarrow CY$$

; 若 (A) < (direct), 则 (PC) + rel → (PC), 且 1 → CY

                ; 若 (A) = (direct), 则程序顺序执行, 且 0 → CY

  CJNE A, #data, rel   ; (PC) + 3 → PC

                ; 若 (A) > data, 则 (PC) + rel → (PC), 且 0 → CY

                ; 若 (A) < data, 则 (PC) + rel → (PC), 且 1 → CY

                ; 若 (A) = data, 则程序顺序执行, 且 0 → CY

  CJNE Rn, #data, rel   ; (PC) + 3 → (PC)

                ; 若 (Rn) > data, 则 (PC) + rel → (PC), 且 0 → CY

                ; 若 (Rn) < data, 则 (PC) + rel → (PC), 且 1 → CY

                ; 若 (Rn) = data, 则程序顺序执行, 且 0 → CY

  CJNE @ Ri, #data, rel ; (PC) + 3 → (PC)

                ; 若 ((Ri)) > data, 则 (PC) + rel → (PC), 且 0 → CY

                ; 若 ((Ri)) < data, 则 (PC) + rel → (PC), 且 1 → CY

                ; 若 ((Ri)) = data, 则程序顺序执行, 且 0 → CY

（3）减 1 不为 0 转移.

指令格式及其功能如下:

  DJNZ Rn, rel   ; (PC) + 2 → (PC), (Rn) - 1 → (Rn)

                ; 若 (Rn) ≠ 0, 则 (PC) ← (PC) + rel

                ; 若 (Rn) = 0, 则结束循环, 程序向下执行

  DJNZ direct, rel   ; (PC) + 3 → (PC), (direct) - 1 → (direct)

                ; 若 (direct) ≠ 0, 则 (PC) ← (PC) + rel

                ; 若 (direct) = 0, 则结束循环, 程序向下执行

4. 空操作.

指令格式及其功能如下:

  NOP   ; (PC) + 1 → (PC)

五、位操作类指令

1. 位传送.

指令格式及其功能如下:

  MOV C, bit   ; (bit) → (C)

  MOV bit, C   ; (C) → (bit)

2. 位变量修改.

指令格式及其功能如下:

  CLR C   ; 0 → (C)

  CLR bit   ; 0 → (bit)

$$
\begin{array}{lll}
\text{SETB} & \text{C} & ;1\rightarrow(\text{C})\\
\text{SETB} & \text{bit} & ;1\rightarrow(\text{bit})\\
\text{CPL} & \text{C} & ;(\overline{\text{C}})\rightarrow(\text{C})\\
\text{CPL} & \text{bit} & ;(\overline{\text{bit}})\rightarrow(\text{bit})
\end{array}
$$

3. 位变量逻辑运算.

（1）位变量逻辑与运算.

指令格式及其功能如下：

$$
\begin{array}{lll}
\text{ANL} & \text{C,bit} & ;(\text{C})\wedge(\text{bit})\rightarrow(\text{C})\\
\text{ANL} & \text{C,/bit} & ;(\text{C})\wedge(\overline{\text{bit}})\rightarrow(\text{C})
\end{array}
$$

（2）位变量逻辑或.

指令格式及其功能如下：

$$
\begin{array}{lll}
\text{ORL} & \text{C,bit} & ;(\text{C})\vee(\text{bit})\rightarrow(\text{C})\\
\text{ORL} & \text{C,/bit} & ;(\text{C})\vee(\overline{\text{bit}})\rightarrow(\text{C})
\end{array}
$$

4. 位变量条件转移.

指令格式及其功能如下：

JC   rel
- $;(\text{PC})+2\rightarrow(\text{PC})$
- $;$ 若$(\text{C})=1$,则$(\text{PC})\leftarrow(\text{PC})+\text{rel}$
- $;$ 若$(\text{C})=0$,则顺序执行程序

JNC   rel
- $;(\text{PC})+2\rightarrow(\text{PC})$
- $;$ 若$(\text{C})=0$,则$(\text{PC})\leftarrow(\text{PC})+\text{rel}$
- $;$ 若$(\text{C})=1$,则顺序执行程序

JB   bit,rel
- $;(\text{PC})+3\rightarrow(\text{PC})$
- $;$ 若$(\text{bit})=1$,则$(\text{PC})\leftarrow(\text{PC})+\text{rel}$
- $;$ 若$(\text{bit})=0$,则顺序执行程序

JNB   bit,rel
- $;(\text{PC})+3\rightarrow(\text{PC})$
- $;$ 若$(\text{bit})=0$,则$(\text{PC})\leftarrow(\text{PC})+\text{rel}$
- $;$ 若$(\text{bit})=1$,则顺序执行程序

JBC   bit,rel
- $;(\text{PC})+3\rightarrow(\text{PC})$
- $;$ 若$(\text{bit})=1$,则$(\text{PC})\leftarrow(\text{PC})+\text{rel}$,且$0\rightarrow(\text{bit})$
- $;$ 若$(\text{bit})=0$,则顺序执行程序

第 2 章　MCS-51 单片微型计算机
开发软件的安装与使用

2.1　KEIL μVision4 软件简介

一、软件安装与注册

1. 运行 c51_v9.51a.exe，安装 KEIL 软件，安装完成后桌面上显示 KEIL μVision4 图标 ![icon].

2. 双击该图标进入 KEIL4 环境，单击"File"→"License Management"命令（图 2-1）.

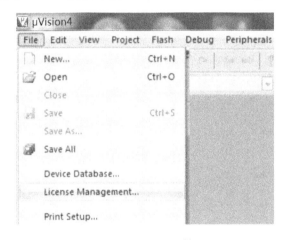

图 2-1　KEIL4 环境

复制 CID 的内容（图 2-2）.

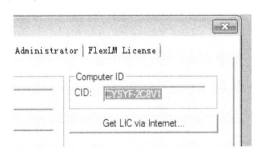

图 2-2　复制 CID 内容的窗口

单击 ![注册]，运行注册程序．把 CID 拷贝进相应栏目，在"Target"的下拉列表中选择"C51"，单击"Generate"，即生成 C51 注册码（图 2-3）.

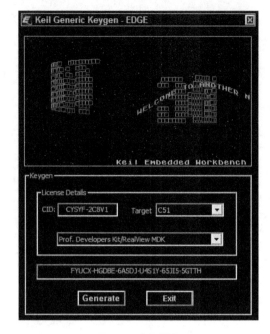

图 2-3　注册界面

将注册码复制粘贴到"License Management"中的"New License ID Code"文本框中,单击"Add LIC",C51 即注册成功.注册成功界面如图 2-4 所示.

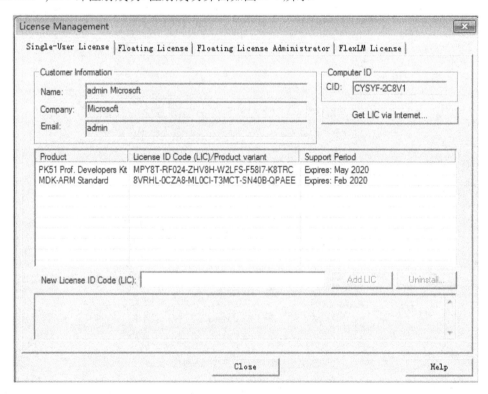

图 2-4　注册成功界面

二、利用KEIL μVision调试MCS-51汇编语言程序

下面简单介绍在 KEIL μVision 环境下,调试 MCS-51 汇编语言程序的过程.

1. 打开 KEIL μVision4,新建项目.

(1) 进入 KEIL C51 后,启动界面如图 2-5 所示.

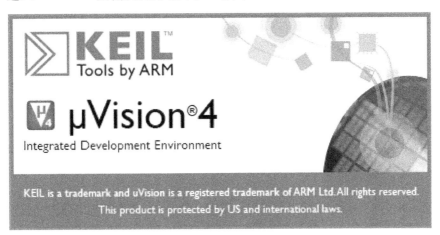

图 2-5　KEIL μVision4 启动界面

几秒后出现编辑界面,如图 2-6 所示.

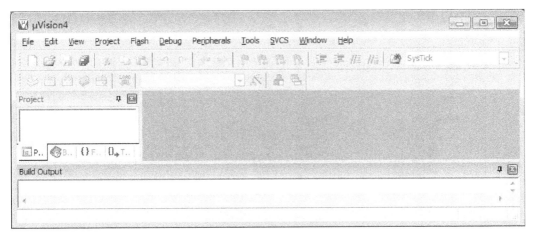

图 2-6　KEIL 主界面

(2) 单击"Project"→"New Project"选项,如图 2-7 所示.

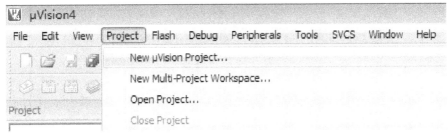

图 2-7　新建项目

选择要保存的路径,输入项目的名字,比如保存到 M51 目录里,项目的名字为"EXAM1"(不需要输入扩展名),如图 2-8 所示,单击"保存"按钮.

图 2-8　保存项目

(3) 选择 CPU 类型,选 Atmel 中的"AT89C51",如图 2-9 所示.

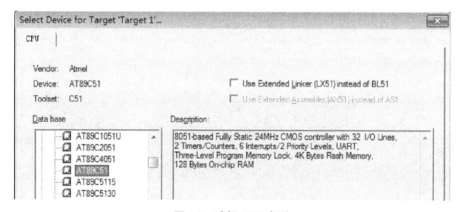

图 2-9　选择 CPU 类型

弹出对话窗,在用汇编语言编程时,选"否",如图 2-10 所示.

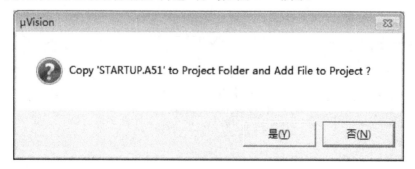

图 2-10　确认窗口

24

此时,在工程窗口的文件页中出现了"Target1",单击"＋"号展开,可以看到下一层的"Source Group 1",这时的项目是一个空的项目,里面什么文件也没有,需要将编写好的源文件加入,如图 2-11 所示.

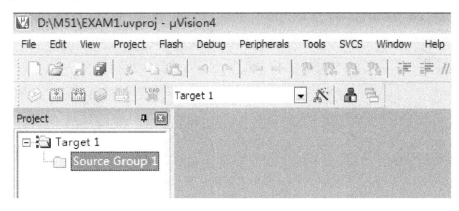

图 2-11　已建好的项目

2. 编写汇编源程序,保存并添加到项目中.

(1) 新建源程序(图 2-12).

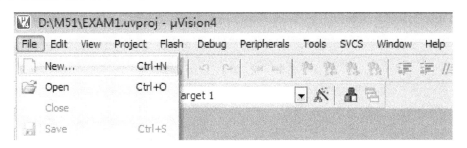

图 2-12　新建汇编语言源程序

(2) 编写源程序(图 2-13).

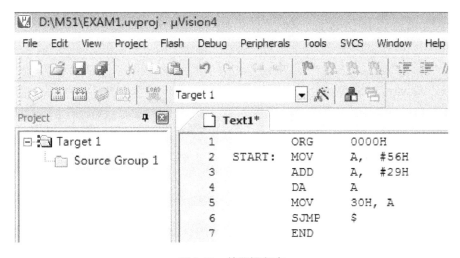

图 2-13　编写源程序

（3）保存该文件,注意必须加扩展名 ASM(图 2-14、图 2-15).

图 2-14　保存汇编语言源程序

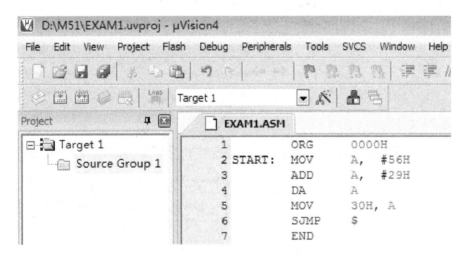

图 2-15　保存好的文件

（4）在 Project Workspace 中,将 EXAM1. ASM 文件添加到 Source Group 1 中(图 2-16、图 2-17).

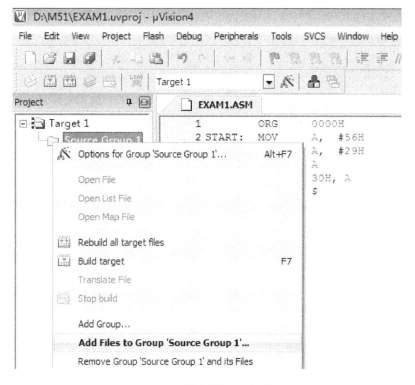

图 2-16　把源文件添加到项目中

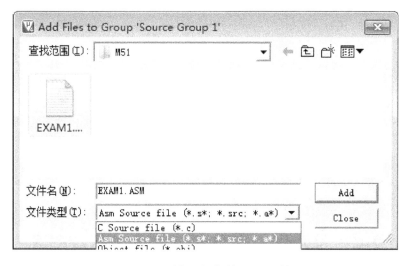

图 2-17　选择要添加的.ASM 文件

单击"Add"按钮,然后单击"Close"按钮,回到主界面.单击"Source Group 1"前面的"＋"号,会发现 EXAML. ASM 文件已在其中.双击文件名,即可打开源程序.

3. 编译并连接.

（1）在"Project Workspace"窗口中,右击"Target 1",选择"Options for Target'Target 1'"选项,弹出"Options for Target'Target 1'"对话窗,选择"Output"选项卡,选中"Create HEX File"复选框.

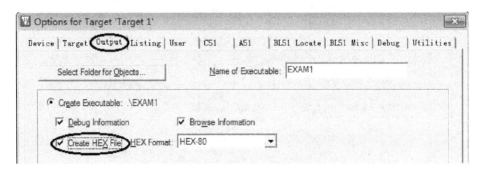

图 2-18　创建. HEX 文件

（2）在 KEIL 的菜单栏中,选择"Project"→"Build Target"命令,或者直接单击图标 ，编译汇编源程序. 如果程序中有错误,修改源程序,保存后重新编译.

（3）在 KEIL 的菜单栏中,选择"Debug"→"Start/Stop Debug Session"命令,或者直接单击图标 ，进入程序调试环境.

（4）在 KEIL 的菜单栏中,选择"Debug"→"Go"命令,或者直接单击图标 ，运行程序.

4. 查看结果.

在 KEIL 的菜单栏中,选择"View"→"Memory Window"命令,打开"Memory"对话框,在 Address 栏中输入地址"D: 0030H",查看片内 RAM 中 0030H 的内容,在图 2-19 中,"D: 0x30"表示地址,该地址单元的内容为 85H,存储单元的内容是以十六进制数的形式显示的.

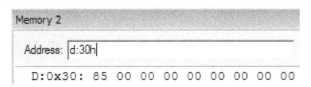

图 2-19　查看片内 RAM 单元的内容

如果要查看片外 RAM 的内容,就在地址栏中输入"X: ＊＊H";如果要查看程序存储单元内容,则在地址栏中输入"C: ＊＊＊＊H",如果不输入存储器空间符号（D、X、C）,默认显示程序存储器的内容. 在"Project Workspace"窗口中,选择"Regs"选项卡,可以查看工作寄存器 R0～R7 和特殊功能寄存器的内容.

2.2　单片微机硬件仿真软件 PROTEUS

PROTEUS 7.0 是目前最好的模拟单片微机外围器件的工具之一,可以仿真 51 系列、AVR、PIC 等常用的 MCU 及其外围电路（如 LCD、RAM、ROM、键盘、马达、LED、AD/DA、部分 SPI 器件、部分 IIC 器件等）,为学习单片微机带来很大的方便. PROTEUS 7.0 有许多优点,但其模拟效果还是与实际情况有不少的差别. 如果条件允许,还是应该买一块单片微机开发板或自己做一个单片微机应用系统,实实在在地学习和体会一下,仿真毕竟还是仿真,不能代替实际操作,许多实际问题在仿真中是碰不到的. 当然,条件不允许时,我们可以采用仿真,达到学习的目的. 下面以一个实例来介绍如何快速使用 PROTEUS 软件进行电路设计.

❀❀ 一、电路设计

1. 软件打开.

双击桌面上的 ISIS 7 Professional 图标或者单击屏幕左下方的"开始"→"程序"→"PROTEUS 7 Professional"→"ISIS 7 Professional", 出现如图 2-20 所示界面, 随后进入了 PROTEUS ISIS 集成环境.

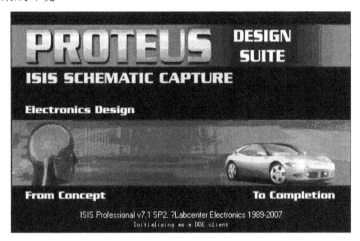

图 2-20　PROTEUS ISIS 启动时的界面

2. 工作界面.

PROTEUS ISIS 的工作界面是一种标准的 Windows 界面, 如图 2-21 所示, 其中包括标题栏、主菜单、标准工具栏、绘图工具栏、状态栏、对象选择按钮、预览对象方位控制按钮、仿真进程控制按钮、预览窗口、对象选择器窗口、图形编辑窗口.

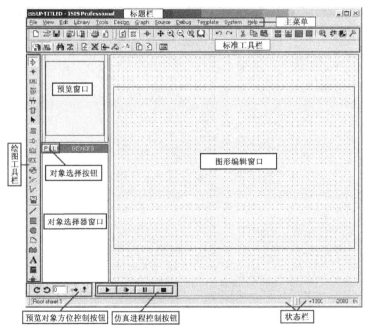

图 2-21　原理图编辑界面

3. 跑马灯电路设计实例.

（1）选择设计模板.

选择"文件"→"新建设计"命令，弹出"新建设计"对话框，进行模板选择，如图 2-22 所示.

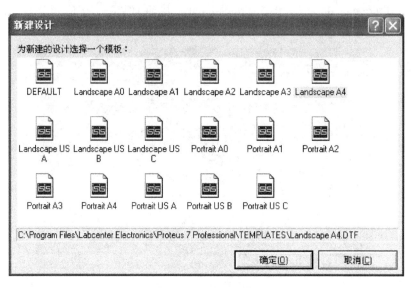

图 2-22 "新建设计"对话框

选择"Landscape A4"模板，单击"确定"按钮，新设计如图 2-23 所示.然后保存设计，并命名文件为"mydesign".

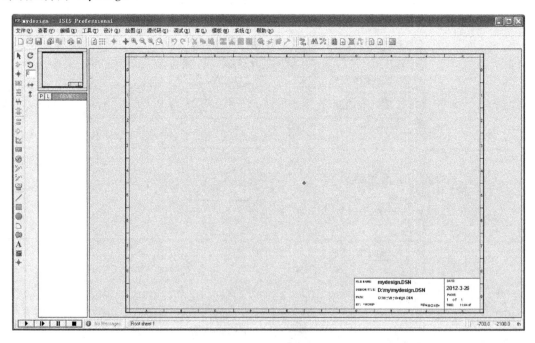

图 2-23 添加模板

（2）选择元器件.

选择"库"→"Pick Device/Symbol"命令（或者直接单击对象选择按钮"P"），弹出"Pick Devices"页面，在"关键字"中输入"AT89C"，系统在对象库中进行搜索查找，并将搜索结果显示在"结果"中，如图 2-24 所示.

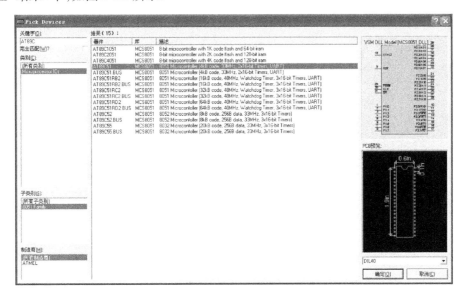

图 2-24　利用关键字选取元件

若不知道元件的具体名字，在元件"类别"中选择"Microprocessor ICs"，在对应的"子类别"中选择"8051 Family"，再在元件列表区选择"AT89C51"芯片，如图 2-25 所示.

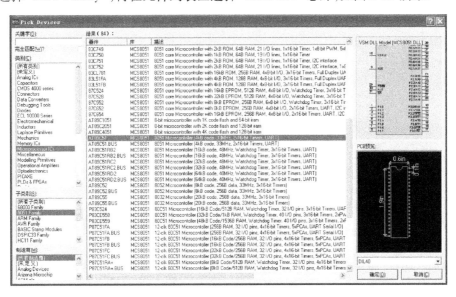

图 2-25　利用元件类别选取元件

在"结果"文本框中的列表项中，双击"AT89C51"，则可将"AT89C51"添加至对象选择器窗口.

接着在"关键字"文本框中重新输入"LED"，选择元件类别"Optoelectronics"，双击"LED-

YELLOW",则可将"LED-YELLOW"添加至对象选择器窗口.使用同样的方法,把其他元件添加至对象选择器窗口.

经过以上操作,在对象选择器窗口中,已有了74LS373、AT89C51、CAP 等 7 个元器件对象,如图 2-26 所示.若单击 AT89C51,在预览窗口中,可见到 AT89C51 的实物图,单击其他器件,都能浏览到实物图.此时,可以注意到在绘图工具栏中的元件模式按钮 ⟫ 处于选中状态.

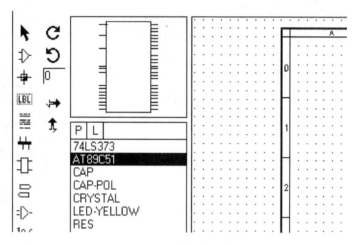

图 2-26　选择的元件

（3）放置元器件至图形编辑窗口.

在对象选择器窗口选中"AT89C51",将鼠标置于图形编辑窗口该对象的欲放位置,单击鼠标左键,该对象放置完成,如图 2-27 所示.同样可将其他元件放置到图形编辑窗口中.

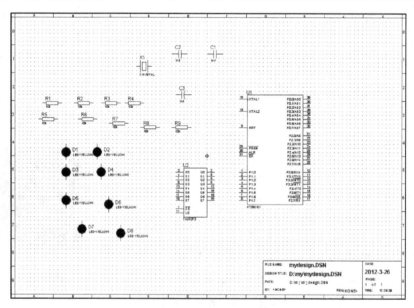

图 2-27　摆放元件

若对象位置需要移动,将鼠标移到该对象上,单击鼠标右键,此时该对象的颜色已变至红色,表明该对象已被选中,按下鼠标左键,拖动鼠标,将对象移至新位置后松开鼠标,完成移动操作.

默认情况下,元件的摆放方向是固定的.可以使用左下角的旋转按钮,改变元件的方向.

（4）摆放电源.

在左侧工具栏中单击图标 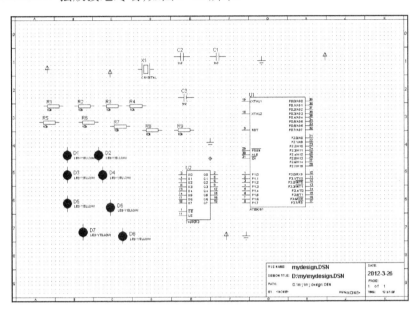,列表栏中显示可用的终端,单击"POWER"摆放电源终端,单击"GROUND"摆放接地终端,如图 2-28 所示.

图 2-28　添加电源终端

在电源终端上单击鼠标右键,选择编辑属性,出现"Edit Terminal Label"对话框,在其中选择标号 VCC,如图 2-29 所示.

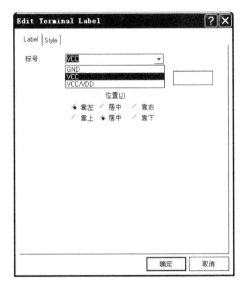

图 2-29　编辑终端标号对话框

图 2-30　"设定电源范围"对话框

选择主界面上的"Design"→"Configure Power Rails"命令,出现"设定电源范围"对话框,如图 2-30 所示.

单击"新建"按钮,输入电压值,添加电源供给,如图 2-31 所示.

(5)连线.

PROTEUS 支持自动布线. 分别单击两个引脚(不管这两个引脚在何处),两个引脚之间会自动添加走线. 在特殊的位置需要布线时,只需在中间的落脚点单击鼠标左键. 连接走线后电路如图 2-32 所示.

图 2-31 "新建电源"对话框

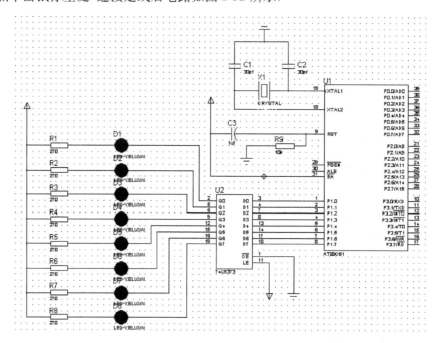

图 2-32 完整的电路图

至此,我们便完成了整个电路图的绘制.

二、利用KEIL μVision和PROTEUS软件实现系统仿真

(1)利用 2.1 节所介绍的方法,在 KEIL 环境中,新建项目,编写跑马灯源程序 led.asm,并产生目标文件 led.hex. 跑马灯源代码如下:

```
            ORG     0000H
            MOV     A,#0FEH     ; 赋初值
LOOP:       MOV     P1,A        ; 送 P1 口输出
            RL      A           ; 数据左移 1 位
            ACALL   DELAY
            LJMP    LOOP
DELAY:      MOV     R6,#80H     ; 延时子程序
DELAY1:     MOV     R7,#0
```

DELAY2：　　　　DJNZ　　　R7,DELAY2
　　　　　　　　　DJNZ　　　R6,DELAY1
　　　　　　　　　RET
　　　　　　　　　END

（2）在 PROTEUS ISIS 中,选中"AT89C51"并单击鼠标左键,打开"编辑元件"对话框,如图 2-33 所示,设置单片微机晶振频率为 12MHz,在此窗口中的"Program File"栏中,添加先前用 KEIL 生成的. HEX 文件. 在 PROTEUS ISIS 中,选择"文件"→"保存设计"选项,保存设计.

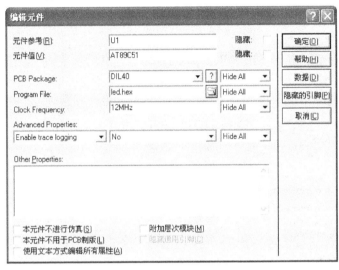

图 2-33　添加. HEX 文件

（3）单击 PROTEUS ISIS 中的启动仿真按钮 ▶ 进行仿真,我们能清楚地观察到每一个引脚的电平变化,红色代表高电平,蓝色代表低电平. 其运行情况如图 2-34 所示.

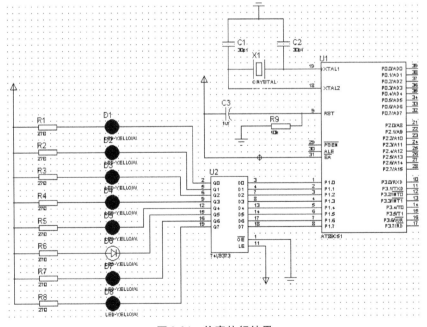

图 2-34　仿真执行结果

PROTEUS ISIS 中的 ▶ ⏭ ⏸ ⏹ 4 个按钮的功能分别是启动仿真、单步运行、暂停和停止仿真.

2.3 STC 单片微机烧录软件 STC-ISP

市场上有很多基于 STC 单片微机的开发板,因其兼容传统 51 单片微机的所有功能,程序下载方便,故被广泛使用. STC-ISP 是针对 STC 系列单片微机而设计的下载编程烧录软件,可下载 STC89 系列、12C2052 系列和 12C5410 系列等的 STC 单片微机,只需一根数据线即可完成程序烧录.

(1)双击图标 ,打开 STC-ISP,界面如图 2-35 所示.

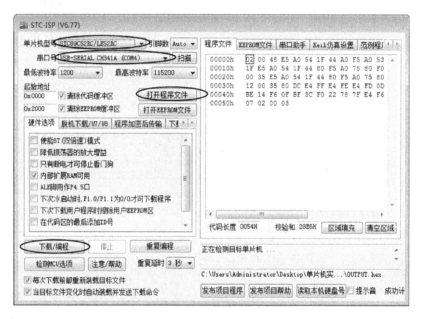

图 2-35　STC-ISP 界面

(2)在"单片机型号"栏目下选中单片微机,如 STC89C52RC/LE52RC(图 2-36).

(3)选择串口号.很多笔记本电脑上没有 COM 端口,都是 USB 接口,则选择 USB-SERIAL(图 2-37).波特率一般保持默认,如果遇到下载问题,可以适当下调一些.

(4)确认硬件连接正确之后,单击"打开程序文件"按钮,在弹出窗口中找到要下载的 HEX 文件.

(5)单击"下载/编程"按钮,实现程序下载.若勾选图 2-35 中左下方的两个条件项,则在每次编译完成后,HEX 代码能自动加载到 STC-ISP.

(6)按下开发板上的电源开关,即可将 HEX 文件写入单片微机内.

(7)程序写入完毕,开发板自动开始运行程序.

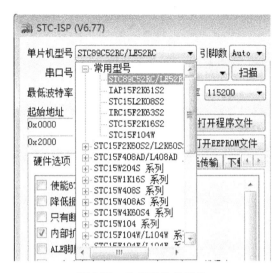

图 2-36　选择单片机型号

图 2-37　选择串口号

第3章　51系列单片微型计算机基础实验(软件部分)

3.1　顺序程序设计

❋ 一、实验目的

了解51单片微机汇编语言程序的基本结构,掌握顺序程序的基本设计方法及调试过程,并熟悉集成开发环境.

❋ 二、实验原理

顺序程序是指程序中没有使用转移类指令的程序段,机器执行这类程序时也只需按照先后顺序依次执行,中间不会有任何分支、循环,也无子程序调用发生.这类程序主要以使用数据传送、算术运算及逻辑运算类指令为主,程序的结构比较简单,程序的内容是构成汇编语言程序的最基本的部分.

程序设计过程中,首先要正确理解所要解决问题的要求,然后认真选择算法,最后正确运用指令和寻址方式来实现算法.对于初学者来说,由于上机机会少,会觉得汇编语言程序阅读容易编程难,编写的程序常无法汇编成功,有时汇编出现的错误甚至比源程序还长.在上机进行单片微机汇编语言编程时常见的错误有:

(1) 源文件存盘时,没有加扩展名ASM.

(2) 十六进制数据大于9的数值"A~F"前漏添加"0".

如数据"FFH",数据前面应加"0",写成"0FFH".

(3) 字母"O"和数字"0"混淆;字母"I"和数字"1"混淆.

(4) 标号后边遗漏":".

(5) 两个操作数之间遗漏",".

(6) 标点符号以全角方式输入.

51系列单片微机的汇编语言程序设计要求标点符号为半角方式,否则汇编失败.可以在输入":"" "","";"时切换到半角方式,或者在大写状态输入标点符号.在全角方式下输入标点符号是很容易犯而且不容易发觉的错误.

(7) 标号使用了特殊字符.

例如,C、A、B、T1,这些有特定含义的字符,不允许用于标号.

(8) 创造发明不存在的汇编语言指令,这种指令汇编程序不支持.

(9) 标号重复.

常见于复制、粘贴程序时忘记修改标号,这会造成出现多个相同的标号,而标号是不允许重复的.

（10）页内相对转移指令如"JB　P1.2,EXIT"跳转超过 − 128 ～ + 127 个字节地址范围.

这是最容易出现的错误,有可能程序刚才还能汇编编译成功,加了一段程序后就提示出错了.可以把指令

　　　JB　　P1.2,EXIT

转换成

　　　JNB　　P1.2,L1

　　　LJMP　　EXIT

　　　L1:

（11）AJMP 指令跳转超过 2K 地址.

AJMP 指令属于短跳转命令,有 2K 地址范围的限制.

在上机调试程序时,一定要注意在源程序末尾加上"SJMP　$"等死循环(简称踏步)指令,或者干脆采用程序末尾设置断点的调试方法.如果不附加踏步指令,当最后一条指令执行完后,PC 还会继续加 1,指向程序下面的单元,但此单元存放的是随机的二进制码,把它当作指令操作码并执行,很容易引起死机(或称程序跑飞).源程序中的 END 指令属于伪指令,没有相应的机器码,其作用仅仅是命令汇编程序,将某段源程序翻译成机器码的工作到此为止.也就是说,它是提供给编译程序的结束命令,而不是提供给 CPU 执行指令的结束命令.

✤ 三、实验内容

四字节 BCD 加法.有两个四字节压缩的 BCD 码,一个存放在 30H ～ 33H 单元中,另一个存放在 40H ～ 43H 单元中.求它们的和,结果放在 50H ～ 54H 单元中.

✤ 四、软件流程图

程序的软件流程图如图 3-1 所示.

✤ 五、实验仪器与器件

1. 硬件设备:微型计算机一台.

2. 软件设备:Windows 操作系统、51 系列单片微机集成开发环境.

✤ 六、实验报告要求

1. 列出本实验程序的目的、内容、流程图和汇编语言源程序清单.

2. 列出程序从源程序编辑到最后调试结束的各个步骤.

3. 分析实验结果.

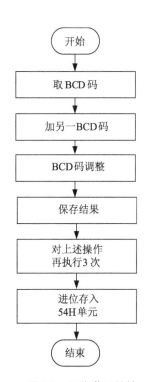

图 3-1　四字节压缩的
BCD 码加法流程图

七、实验预习要求

1. 充分预习汇编语言指令,特别是要熟悉数据运算类指令的功能和使用方法.
2. 熟悉完整的汇编语言源程序的组成格式.

八、实验参考程序

```
         ORG     000H
         LJMP    START
         ORG     0030H
START:   MOV     A,30H        ;取被加数最低位1个字节BCD码数
         ADD     A,40H        ;与加数最低位1个字节BCD码数相加
         DA      A            ;和进行十进制调整
         MOV     50H,A        ;保存结果
         MOV     A,31H
         ADDC    A,41H
         DA      A
         MOV     51H,A
         MOV     A,32H
         ADDC    A,42H
         DA      A
         MOV     52H,A
         MOV     A,33H
         ADDC    A,43H
         DA      A
         MOV     53H,A
         MOV     A,#00H       ;加进位
         ADDC    A,#00H
         MOV     54H,A
         SJMP    $
         END
```

3.2 分支程序设计

一、实验目的

掌握分支程序设计的特点,熟悉分支程序的设计方法.

二、实验原理

分支程序的特点是程序中含有转移指令. 由于转移指令有无条件转移和条件转移之分,因此分支程序也可以分为无条件分支程序和条件分支程序两类. 无条件分支程序很简单;条件分支程序相对来说较复杂,条件分支程序运用较为普遍.

条件分支程序体现了计算机执行程序时的分析判别能力:若某种条件满足,则机器就转移到另一分支上执行;若条件不满足,则机器就按原程序顺序继续执行. 在 51 系列的指令系统中,条件转移指令共有 13 条,分为累加器 A 判零条件转移、比较不等条件转移、减 1 不为零条件转移和位控制条件转移等几类. 因此,分支程序设计实际上就是如何正确运用这 13 条转移指令来进行编程的问题.

分支结构程序分为单分支程序和多分支程序.

三、实验内容

1. 判断 ACC.7 是否为 1,若为 1,则将 30H 单元设置为 0FFH;否则将 30H 单元设置成 88H.

2. 根据 X 中的内容,在 Y 中送不同的数据,具体为:当(X) < 0,向 Y 中送 -1;当(X) = 0,向 Y 中送 0;当(X) > 0,向 Y 中送 1.

3. 编写程序将数据表的内容送到 20H ~ 2FH 存储单元,然后将这 10H 个单元加上奇偶校验位.

四、软件流程图

对应程序的软件流程图分别如图 3-2 ~ 图 3-4 所示.

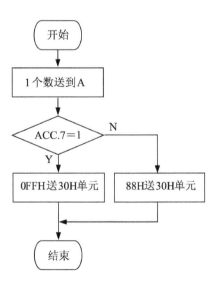

图 3-2 "实验内容 1"的条件分支流程图

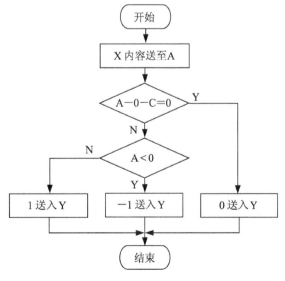

图 3-3 "实验内容 2"的条件分支流程图

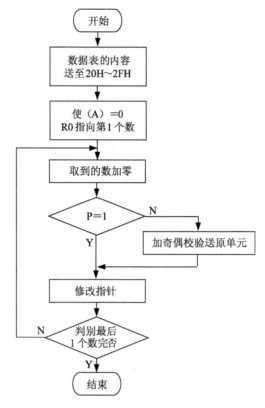

图 3-4 "实验内容 3"的条件分支流程图

🌸 五、实验仪器与器件

1. 硬件设备：微型计算机一台.
2. 软件设备：Windows 操作系统、51 系列单片微机集成开发环境.

🌸 六、实验报告要求

1. 列出本实验程序的目的、内容、流程图和汇编语言源程序清单.
2. 列出从源程序编辑到最后调试结束的各个步骤.
3. 分析实验结果.

🌸 七、实验预习要求

1. 充分预习汇编语言指令,特别是转移操作类指令的功能.
2. 熟悉转移操作类指令的功能.

🌸 八、实验参考程序

```
1.          DAT   EQU   66H
            ORG         0000H
MAIN:       MOV   A,#DAT            ;将一个数送累加器 A
```

```
            JNB      ACC.7,L0        ; ACC.7 =1 否? 不是转移到 L0
            MOV      30H,#0FFH       ; 0FFH 送 30H
            SJMP     EXIT
    L0：     MOV      30H,#88H        ; 88H 送 30H
    EXIT：   SJMP     EXIT
            END
```

2.
```
            X   EQU  36H
            Y   EQU  37H
            ORG      0000H
    MAIN：   MOV      X,#15H          ; X 中赋初值
            MOV      A,X             ; X 中的内容送累加器 A
            CLR      C
            SUBB     A,#00H          ; 做减法
            JZ       L0              ; 结果为零,转移
            JNB      ACC.7,L1        ; 正数转移
            MOV      Y,# - 1         ; - 1 送 Y
            SJMP     EXIT
    L0：     MOV      Y,#00H
            SJMP     EXIT
    L1：     MOV      Y,#1            ; 1 送 Y
    EXIT：   SJMP     EXIT
            END
```

3.
```
            BUF EQU 20H
            ORG      0000H
    MAIN：   MOV      R0,#BUF         ; 数据表内容送 20H ~2FH
            MOV      R7,#10H
            MOV      A,#00H
            MOV      DPTR,#TAB
    L1：     MOVC     A,@ A + DPTR
            MOV      @ R0,A
            CLR      A
            INC      DPTR
            INC      R0
            DJNZ     R7,L1
            MOV      R0,#BUF         ; R0 指向第一个数
    L2：     MOV      A,#00H          ; 使(A) = 0
            ADD      A,@ R0
```

```
        JB      P,L3            ;奇偶标志 P 为 1 否？
        ORL     A,#80H          ;加奇偶校验标志
        MOV     @R0,A           ;数据送回
L3：    INC     R0              ;指针加 1
        CJNE    R0,#30H,L2      ;最后一个数判别完否？
        SJMP    $
TAB：   DB  12H,34H,41H,7FH,64H,1FH,4DH,3AH
        DB  65H,5EH,7AH,62H,5BH,2DH,77H,55H
        END
```

3.3　循环程序设计

❀ 一、实验目的

掌握循环程序设计的特点,熟悉循环程序的设计方法.

❀ 二、实验原理

所谓循环程序是指计算机反复执行某一段程序,这个程序段通常被称为循环体.循环程序是在一定条件控制下进行的,该条件决定是继续执行循环操作还是结束循环操作.程序循环是通过条件转移指令进行控制的.

循环程序的结构一般包括以下几个方面:

(1)循环操作的初值.用于执行循环程序的工作单元在循环操作开始前应置初值.例如,工作寄存器设置计数初值,累加器 A 清零,设置地址指针、长度,等等.

(2)循环体.重复执行的程序段,是循环程序的主体.

(3)控制变量.循环程序中,必须设置循环控制条件.常见的是计数循环,用一个寄存器或内部 RAM 单元作为计数器,循环次数作为初值赋给这个计数器,每循环一次,令其减 1,即修改循环控制变量,当计数器减为 0 时,就结束循环操作.

(4)循环控制部分.根据循环控制条件,判断是否结束循环.51 系列中可采用 DJNZ 指令来自动修改控制变量并结束循环.

上述 4 个部分有两种组织形式:先循环后判断和先判断后循环.

❀ 三、实验内容

统计数组中正数、负数和零的个数,并将它们分别存到 30H、31H 和 32H 单元中.

❀ 四、软件流程图

程序的软件流程图如图 3-5 所示.

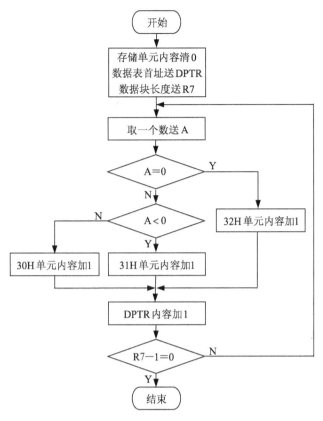

图 3-5　统计数组中正数、负数和零的个数程序流程图

🌸 五、实验仪器与器件

1. 硬件设备：微型计算机一台.
2. 软件设备：Windows 操作系统、51 系列单片微机集成开发环境.

🌸 六、实验报告要求

1. 列出本实验程序的目的、内容、流程图和汇编语言源程序清单.
2. 列出从源程序编辑到最后调试结束的各个步骤.
3. 分析实验结果.

🌸 七、实验预习要求

1. 充分预习汇编语言指令,特别是控制转移操作类指令的功能.
2. 预习循环程序的一般结构.

🌸 八、实验参考程序

```
        ORG    0000H
MAIN:   MOV    30H,#00H        ;初始化存储单元、数据指针、计数器
```

```
            MOV    31H,#00H
            MOV    32H,#00H
            MOV    R7,#CONT
            MOV    DPTR,#TAB
L1：        CLR    C
            MOV    A,#00H
            MOVC   A,@A+DPTR        ; 取一个数送 A
            SUBB   A,#00H
            JZ     ZERO            ; 判断是否为 0
            ANL    A,#80H
            JZ     POSITIVE        ; 判断是否为负数
            INC    31H             ; 31H 单元内容加 1
            SJMP   L2
ZERO：      INC    32H             ; 32H 单元内容加 1
            SJMP   L2
POSITIVE：  INC    30H             ; 30H 单元内容加 1
L2：        INC    DPTR
            DJNZ   R7,L1
            SJMP   $
TAB：       DB     12H, 00H, 88H, 9FH, 64H, 0FFH,0B5H
            DB     4DH,3AH, 65H, 00H, 7AH, 62H, 00H
            DB     5BH,0CDH,77H, 55H, 00H, 0A2H
            CONT   EQU $ – TAB + 1
            END
```

3.4 数制转换程序

🌸 一、实验目的

掌握数值转换的原理,熟悉数值转换的程序设计方法.

🌸 二、实验原理

人们日常生活中使用的是十进制数,而计算机内部操作的都是二进制数,键盘输入和数据输出显示常采用的是 BCD 码或 ASCII 码.因此,各种代码之间经常需要转换.代码转换可以用硬件实现,也可以用软件实现,程序设计中常采用算法或查表方式进行处理.微型计算机中涉及的代码主要有 3 种:二进制数(或十六进制数)、BCD 码和 ASCII 码.

二进制数及其编码是计算机运算的基础,计算机唯一能识别的数是二进制数,计算机的指令、数据、字符、地址均用二进制数表示.为了书写方便、读数直观,引入了十六进制数.因为生活中人们习惯用十进制数,所以引入了 BCD 码.对于键盘上的各种符号,在计算机内的表示方法是世界统一的,即采用 ASCII 码,这种代码在数据通信时也常常使用.

BCD 码是以二进制数表示十进制数的编码,包括压缩 BCD 码和非压缩 BCD 码两种形式.压缩 BCD 码指的是用一个字节表示 2 位十进制数,其特点是 4 位内为二进制关系,两个 4 位之间为十进制关系;非压缩 BCD 码指的是用一个字节表示 1 位十进制数.单片微机中的加法指令完成的是二进制数的相加,两个 BCD 码相加的结果可能不再是 BCD 码,而是十六进制数.想要得到正确的结果,就必须在加法指令后面跟上 BCD 码调整指令"DA　A".

ASCII 码是美国标准信息交换编码,它是一种对字符的编码,为计算机中 100 多个字母、符号(包括常用键盘控制符)规定了指定的 7 位二进制数.如数字"0"的 ASCII 码为 30H,大写字母"A"的 ASCII 码为 41H,小写字母"a"的 ASCII 码为 61H.

了解 3 种编码各自的特点和表示形式后,编程实现数制、编码之间的转换就容易了.

三、实验内容

1. 将 00H～0FFH 范围内的二进制数转换为 BCD 码(0～255).
2. 将 2 位压缩 BCD 码转换成二进制数.
3. 将 1 位十六进制数转换成 ASCII 码.

四、软件流程图

对应的程序的软件流程图分别如图 3-6～图 3-8 所示.

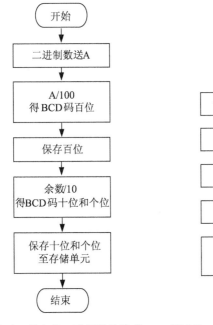
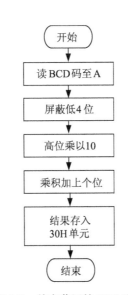
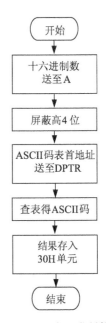

图 3-6　单字节二进制数转换成　　图 3-7　单字节压缩 BCD 码转　　图 3-8　1 位十六进制数转
　　BCD 码程序流程图　　　　　　换成二进制数程序流程图　　　换成 ASCII 码程序流程图

五、实验仪器与器件

1. 硬件设备：微型计算机一台.
2. 软件设备：Windows 操作系统、51 系列单片微机集成开发环境.

六、实验报告要求

1. 列出本实验程序的目的、内容、流程图和汇编语言源程序清单.
2. 列出从源程序编辑到最后调试结束的各个步骤.
3. 分析实验结果.

七、实验预习要求

1. 充分预习汇编语言指令,特别是要熟悉算术、逻辑操作类指令的功能.
2. 预习数制转换原理和程序设计的方法.

八、实验参考程序

```
1.          DAT1    EQU    0FFH
            ORG     0000H
            LJMP    MAIN
            ORG     0030H
   MAIN:    MOV     30H,#DAT
            MOV     R0,#30H
            MOV     A,@R0        ;被转换的二进制数送A
            MOV     B,#100       ;送除数100
            DIV     AB           ;A中的内容除以100得到BCD码百位
            MOV     @R0,A
            INC     R0
            MOV     A,#10
            XCH     A,B
            DIV     AB           ;余数除以10得到BCD码十位和个位
            MOV     @R0,A        ;十位存入存储单元
            INC     R0
            MOV     @R0,B        ;个位存入存储单元
            SJMP    $
            END


2.          BCD1    EQU    36H
            ORG     0000H
            LJMP    MAIN
```

```
            ORG     0030H
MAIN：      MOV     A,#BCD1          ; BCD 码数读入 A
            MOV     R2,A
            ANL     A,#0F0H
            SWAP    A
            MOV     B,#10
            MUL     AB              ; 高位乘以 10
            MOV     R3,A
            MOV     A,R2
            ANL     A,#0FH
            ADD     A,R3            ; 乘积加上个位
            MOV     30H,A           ; 结果存入 30H 单元
            SJMP    $
            END


3.          HEX     EQU   07H
            ORG     0000H
            LJMP    MAIN
            ORG     0030H
MAIN：      MOV     A,#HEX          ; 十六进制数送入 A
            ANL     A,#0FH
            MOV     DPTR,#ASCTAB
            MOVC    A,@A+DPTR       ; 查表,取得 ASCII 码
            MOV     30H,A           ; 转换结果存入 30H 单元
            SJMP    $
ASCTAB：    DB      30H,31H,32H,33H,34H
            DB      35H,36H,37H,38H,39H
            DB      41H,42H,43H,44H,45H,46H
            END
```

3.5　子程序设计

🌸 一、实验目的

掌握子程序设计的原理和使用方法.

🌸 二、实验原理

在程序设计中,往往有许多地方需要执行同样的一种操作,这时可以把该操作单独编制成为一个子程序,在程序需要执行这种操作时,执行一条调用指令,转到子程序去执行,

完成规定的操作后再返回原来的程序继续执行,该子程序可以反复调用.这样处理可以简化程序的结构,缩短程序的长度,使程序模块化,便于调试.在编写子程序时要注意:

(1)子程序开头的标号区段一定要有一个使用户了解其功能的标志,该标志即子程序的入口地址,以便在程序中使用绝对调用指令"ACALL"或长调用指令"LCALL",调用该子程序.

(2)子程序结尾必须使用一条子程序返回指令"RET",它具有恢复断点的功能,以便断点出栈送至 PC,继续执行调用子程序以前的程序.一般来说,子程序的调用指令和子程序的返回指令要成对使用.

(3)对于子程序的参数传递,要由程序设计者自己解决数据的存放和工作单元的选择问题.

(4)进入子程序后,应注意除了要处理的参数数据和要传递回调用前程序的参数外,有关的内部 RAM 单元和工作寄存器的内容,以及标志寄存器的状态都不应因调用子程序而改变,这就存在现场保护问题.方法是一进入子程序,就首先把子程序中将要使用的或者会被改变的 RAM 单元的内容压入堆栈;在子程序完成处理将要返回前,先把堆栈中的数据弹出到原来对应的工作单元,恢复原来的状态,然后再返回.对于所使用的工作寄存器的保护,可使用改变工作寄存器区选择位(RS1、RS0)的方法.

三、实验内容

1. 编写延时子程序.
2. 将压缩的 BCD 码转换成 ASCII 码.

四、软件流程图

对应的程序的软件流程图分别如图 3-9、图 3-10 所示.

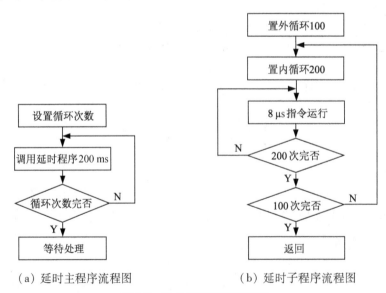

（a）延时主程序流程图　　　　（b）延时子程序流程图

图 3-9　软件延时程序流程图

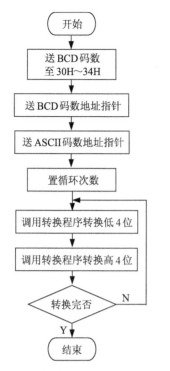

（a）BCD 码转换 ASCII 码主程序流程图

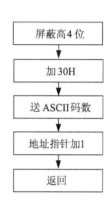

（b）BCD 码转换 ASCII 码子程序流程图

图 3-10　BCD 码转换 ASCII 码程序流程图

❈ 五、实验仪器与器件

1. 硬件设备：微型计算机一台.
2. 软件设备：Windows 操作系统、51 系列单片微机集成开发环境.

❈ 六、实验报告要求

1. 列出本实验程序的目的、内容、流程图和汇编语言源程序清单.
2. 列出从源程序编辑到最后调试结束的各个步骤.
3. 分析实验结果.

❈ 七、实验预习要求

1. 充分预习汇编语言指令,特别是子程序调用与返回指令的功能.
2. 预习子程序构成的原理及设计方法.

❈ 八、实验参考程序

```
1.              ORG     0000H
      MAIN：    MOV     R4,#20
      LOOP：    LCALL   DL200MS
                DJNZ    R4,LOOP
```

```
                    SJMP        $

DL200MS：          MOV         R7,#100         ; 1μs,设置外循环初值
DL1：              MOV         R6,#200         ; 1μs,设置内循环初值
DL2：              MUL         AB              ; 4μs
                   MUL         AB              ; 4μs
                   DJNZ        R6,DL2          ; 2μs
                   DJNZ        R7,DL1          ; 2μs
                   RET                         ; 2μs
                   END


2.                 ADD1        EQU    30H
                   ADD2        EQU    80H
                   DATA        EQU    05H
                   ORG         0000H
                   LJMP        MAIN
MAIN：             MOV         30H,#12H        ; 将 BCD 码数送 30H～34H
                   MOV         31H,#34H
                   MOV         32H,#56H
                   MOV         33H,#78H
                   MOV         34H,#90H
                   MOV         R0,#ADD1        ; 送存放 BCD 码数首地址至 R0
                   MOV         R1,#ADD2        ; 送存放 ASCII 码数首地址至 R1
                   MOV         R7,#DATA        ; 一共 5 个字节的压缩的 BCD 码数
L1：               MOV         A,@R0           ; 取压缩的 BCD 码数
                   LCALL       CHAG            ; 调用转换程序,先转换低 4 位
                   MOV         A,@R0
                   SWAP        A
                   LCALL       CHAG            ; 再转换高 4 位
                   INC         R0              ; BCD 码数地址指针加 1
                   DJNZ        R7,L1
                   SJMP        $

CHAG：             ANL         A,#0FH          ; 屏蔽高 4 位
                   ADD         A,#30H          ; 加 30H 变为 ASCII 码
                   MOV         @R1,A           ; 送 ASCII 码
                   INC         R1              ; ASCII 码地址指针加 1
                   RET
                   END
```

3.6　中断处理程序设计

一、实验目的

掌握中断处理程序设计的原理和设计方法.

二、实验原理

"存储程序和程序控制"是计算机的基本工作原理. CPU 平时总是按照规定顺序执行程序存储器中的指令,但在实际应用中,有许多外部或内部事件需要 CPU 及时处理,这就要改变 CPU 原来执行指令的顺序. 计算机中的"中断(Interrupt)"就是指由于外部或内部事件而改变原来 CPU 正在执行指令顺序的一种工作机制.

计算机的中断机制涉及三个内容:中断源、中断控制和中断响应. 中断源是指引起中断的事件;中断控制是指中断的允许/禁止、优先和嵌套等处理方式;中断响应是指确定中断入口、保护现场、进行中断服务、恢复现场和中断返回等过程. 在计算机中,能实现中断功能的部件称为中断系统. 中断是单片微型计算机应具备的重要功能,正确理解中断的概念和学会使用中断机制是掌握单片微机应用技术的重要内容.

设计中断处理程序时要注意以下问题:

(1)中断处理程序结尾必须使用一条中断返回指令"RETI",它具有恢复断点的功能,以便断点出栈送至 PC,继续执行中断以前的程序.

(2)中断处理的参数传递要靠程序设计者自己解决数据的存放和工作单元的选择问题.

(3)进入中断处理后,应注意除了要处理的参数数据和要传递回中断前程序的参数外,有关内部 RAM 单元和工作寄存器的内容及标志寄存器的状态都不应因中断处理而改变,这就存在现场保护问题. 方法是进入中断处理,首先把中断处理中将要使用的或者会被改变的 RAM 单元的内容压入堆栈;在中断处理完成,将要返回前,先把堆栈中的数据弹出到原来对应的工作单元,恢复原来的状态后再返回. 对于所使用的工作寄存器进行保护,可用改变工作寄存器区选择位(RS1、RS0)的方法.

中断处理子程序不是用 LCALL 指令进行操作的. 当中断请求被响应时,由硬件将当前 PC 的值自动压栈保护,然后将对应的中断入口地址装入 PC,程序转向中断服务程序,中断处理程序就从对应的向量地址开始,一直到执行中断返回指令 RETI 为止.

三、实验内容

编写使用定时器 0 定时 1s 后,将内部 RAM80H 单元中的数据取出,进行高低 4 位交换后送入外部 RAM1000H 单元的中断处理子程序,设系统的晶振频率为 12MHz.

四、软件流程图

中断处理初始化处理软件流程图如图 3-11 所示.

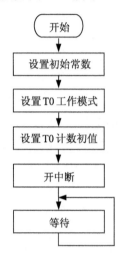

图 3-11 中断处理初始化处理软件流程图

五、实验仪器与器件

1. 硬件设备：微型计算机一台.
2. 软件设备：Windows 操作系统、51 系列单片微机集成开发环境.

六、实验报告要求

1. 列出本实验程序的目的、内容、流程图和汇编语言源程序清单.
2. 列出从源程序编辑到最后调试结束的各个步骤.
3. 分析实验结果.

七、实验预习要求

1. 充分预习汇编语言指令,特别是中断功能、中断响应、中断处理与中断返回的功能.
2. 预习子程序构成的原理及设计方法.

八、实验参考程序

```
        ORG     0000H
        LJMP    MAIN
        OEG     000BH
        LJMP    IT0_0
MAIN：  MOV     TMOD,#01H        ；设置 T0 工作方式
        MOV     50H,#20          ；50ms×20＝1s
        MOV     DPTR,#15536      ；设置 T0 初值(计数为 50000,即 50ms)
```

```
        MOV     TH0,DPH
        MOV     TL0,DPL
        MOV     51H,DPH
        MOV     52H,DPL
        SETB    EA
        SETB    ET0
        SETB    TR0
        SJMP    $

IT0_0:  PUSH    ACC                 ;保护现场
        PUSH    DPH
        PUSH    DPL
        PUSH    PSW
        ORL     PSW,#18H            ;选择工作寄存器区(3 区)
        MOV     TH0,51H             ;重置 T0 初值
        MOV     TL0,52H
        DJNZ    50H,WAIT            ;1s 未满
        MOV     R0,#80H             ;中断操作
        MOV     A,@R0
        SWAP    A
        MOV     DPTR,#1000H
        MOVX    @DPTR,A
        MOV     50H,#20
WAIT:   POP     DPL                 ;恢复现场
        POP     DPH
        POP     ACC
        RETI
        END
```

第4章 51系列单片微型计算机 基础实验(硬件部分)

4.1 LED 数码块显示接口

❋ 一、实验目的

1. 掌握 LED 数码块显示接口的工作原理.
2. 掌握 LED 数码块显示接口的应用.

❋ 二、实验原理

LED 数码块显示器是由发光二极管组成显示字段的显示器件,这种显示器分为共阴极和共阳极两种形式,如图 4-1 所示.共阴极 LED 显示块的发光二极管负极连接在一起,形成该模块的公共端 COM(通常称为位选端),8 个发光二极管的正极通常称为段选端,如图 4-1 (a)所示.当某个发光二极管的阳极接高电平,公共端 COM 接低电平时,该发光二极管被点亮.而共阳极 LED 显示块是将发光二极管的正极连接在一起,形成共阳极 LED 显示块的公共端,同理,在共阳极 LED 显示块中如某个发光二极管的负极为低电平,公共端 COM 接高电平时,该发光二极管被点亮,如图 4-1(b)所示.0.5 英寸七段 LED 显示器的引脚如图 4-1 (c)所示(正视图).

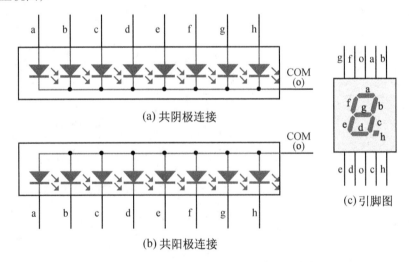

图 4-1 七段 LED 显示器的结构简图及引脚

七段 LED 显示器有 8 个发光二极管,其中 7 个发光二极管构成"**8**"字,1 个发光二极管用于显示小数点.这 8 个笔段分别用 a~h 表示.七段显示块与单片微机的接口很简单,只要将一个 8 位并行输出口与显示器 8 个段选端引脚相连并接入正确的位选信号即可(共阴极接低电平,共阳极接高电平).同时要注意输出口的实际驱动能力,一般情况下应加驱动电路.每个发光二极管均有其额定工作电流,目前常用的发光二极管的额定工作电流为 5 ~ 10mA,所以实际使用中应在每个发光二极管输出回路中接入限流电阻,使其工作在额定电流范围内.8 位并行输出口输出不同的数据,即可显示不同的字符,通常将送入发光二极管段选端的数据称为段码,七段数据加小数点正好用一个字节表示.共阳极与共阴极的显示块段码互补.如一个字节中的最低位对应 a 笔段,最高位对应小数点 h 段,则显示字符与对应的段码如表 4-1 所示.

表 4-1　七段 LED 显示器的段码

显示字符	共阴极段码	共阳极段码	显示字符	共阴极段码	共阳极段码
0	3FH	C0H	A	77H	88H
1	06H	F9H	b	7CH	83H
2	5BH	A4H	C	39H	C6H
3	4FH	B0H	d	5EH	A1H
4	66H	99H	E	79H	86H
5	6DH	92H	F	71H	8EH
6	7DH	82H	P	73H	8CH
7	07H	F8H	U	3EH	C1H
8	7FH	80H	r	31H	CEH
9	6FH	90H	y	6EH	91H

由于单片微机应用系统本身具有较强的逻辑控制能力,所以在该系统中采用动态扫描软件译码并不复杂.软件译码的译码逻辑可随意编程设定,采用动态扫描软件译码的方式能大大简化硬件电路结构,因此,它在单片微机应用系统中的使用较广泛.在多位 LED 显示器动态扫描显示的应用中,因受到动态扫描显示硬件结构的限制,在某一瞬间只有一位 LED 数码显示器被点亮,要点亮下一位 LED 数码块时,当前被点亮的 LED 数码块必须熄灭后才能显示下一位,依次逐位显示完全部显示块后又开始新一轮的显示,如此周而复始地不断循环刷新.实际应用中需要的是显示稳定而清晰的字符,不能出现视觉上的闪烁、抖动现象,因此必须选择合适的扫描刷新频率,当扫描刷新频率达到适当值时,眼睛就感觉不到显示器是一位一位被点亮的,看到的是稳定、清晰的字符,这是人的视觉暂留效应产生的效果.

三、实验内容

通过单片微机 P0 扩展一片 8 位输出口,输出段码,通过 P1.0 ~ P1.3 输出位码,实现 4 位 LED 数码块动态扫描显示.编制显示软件,实现动态扫描显示,待显示数据在内部数据存储器 30H ~ 33H 中.

四、实验电路

利用单片微机的 P0 口扩展一片 74LS273 作为 8 位输出口,输出段码,通过 74LS244 作为段驱动器.通过 P1.0 ~ P1.3 输出位码,74LS244 作为位驱动. LED 数码块采用共阴极结构,实验电路如图 4-2 所示.

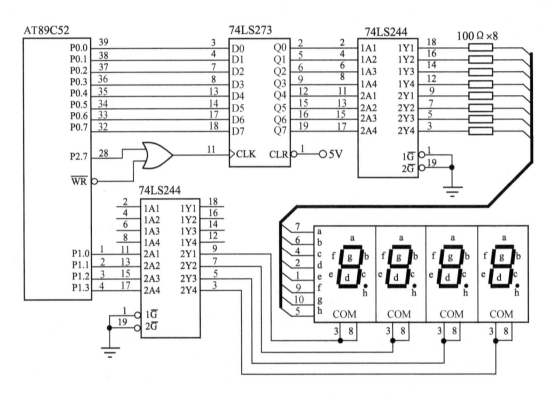

图 4-2　4 位动态扫描 LED 数码块显示接口原理图

五、软件流程图

实验的软件流程图如图 4-3 所示.

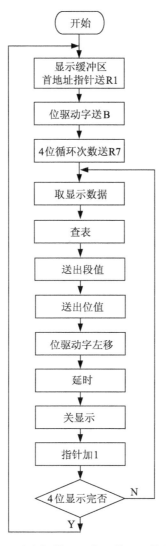

图 4-3　4 位动态扫描 LED 数码块显示软件流程图

六、实验仪器与器件

1. 软件设备：Windows 操作系统、MCS-51 集成开发环境.

2. 硬件设备：微型计算机(1 台)、可插接标准双列直插插座的实验电路板(1 块)、51 系列单片微机仿真系统(1 台)、直流稳压电源 +5V(1 台).

3. 主要实验器件：74LS273(1 块)、74LS32(1 块)、74LS244(2 块)、电阻100Ω(8 只)、0.5 英寸共阴极 LED 数码块(4 块).

七、实验报告要求

1. 绘出实验线路图.

2. 列出显示程序.

3. 写出调试过程.

八、实验预习要求

1. 充分预习汇编语言指令的功能.

2. 复习有关 LED 数码块显示接口工作原理的内容及动态扫描软件译码显示器的工作原理.

九、实验参考程序

```
DISP:    MOV    R1,#30H           ; 设置显示缓冲区首址
         MOV    B,#0FEH           ; 设置位选信号
         MOV    R7,#04H           ; 显示位数送 R7
DISP1:   MOV    A,@ R1
         MOV    DPTR,#TAB
         MOVC   A,@ A + DPTR      ; 查表得显示代码
         MOV    DPTR,#7FFFH
         MOVX   @ DPTR,A          ; 送出显示代码
         MOV    A,B
         MOV    P1,A              ; 送位选信号
         RL     A                 ; 位驱动字左移
         MOV    B,A
         LCALL  DEL               ; 延时 10ms
         MOV    P1,#0FFH          ; 关显示
         INC    R1
         DJNZ   R7,DISP1
         MOV    P1,#0FFH          ; 关显示
         SJMP   DISP

TAB:     DB     3FH,06H,5BH,4FH,66H,6DH,7DH,07H,7FH,6FH

DEL:     MOV    R5,#50            ; 延时 10ms
DEL1:    MOV    R6,#200
DEL2:    DJNZ   R6,DEL2
         DJNZ   R5,DEL1
         RET
         END
```

4.2　点阵 LED 显示接口

一、实验目的

1. 掌握点阵 LED 显示接口的工作原理.
2. 掌握点阵 LED 显示器的应用.

二、实验原理

　　七段 LED 显示器不能满足大容量信息显示的要求,如车站、码头等公共场所的信息显示.点阵 LED 显示器具有亮度高、色彩多、寿命长等特点,在大面积信息显示的场合中有其特定的优势,因而得到广泛的应用.点阵 LED 显示器的结构原理与七段 LED 显示器的原理是一样的,均由发光二极管组成,只是排列结构不同而已,通常做成 8×8 点阵或 16×16 点阵模块,使用很方便.图 4-4 是 8×8 点阵 LED 显示器的内部结构原理图.与七段 LED 显示器不同的是,点阵 LED 显示器无公共端,可以适应不同的连接方式.点阵 LED 显示器通常用于大面积汉字、图形显示,点阵数、连接线很多,如采用静态驱动的方式,将使连线很复杂,所以通常采用动态扫描驱动方式.

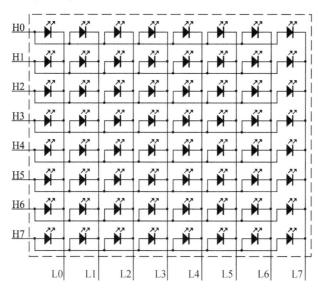

图 4-4　点阵 LED 显示器结构原理图

三、实验内容

　　采用如图 4-4 所示的 8×8 点阵 LED 显示器显示汉字或数字.

四、实验电路

　　实验的硬件电路如图 4-5 所示,8×8 点阵图电路中采用 74LS244 进行行和列的驱动.必须注意的是限流电阻阻值的选择,选择不当会影响发光强度.应根据组成点阵二极管的多少来选择限流电阻,以使其达到最佳效果.本实验以显示汉字"王"为例,使读者熟悉并掌握点阵 LED 显示器的编程方法.汉字"王"的点阵如图 4-6 所示.在内部 RAM(或外部 RAM)中开辟显示缓冲区,缓冲区内字节地址与显示屏上的位置相对应,当更改显示内容时,只要改写显示缓冲区中的内容,然后执行扫描刷新程序,即可达到更改显示内容的目的.一个 8×8 点阵 LED 共占用 8 个字节 RAM.

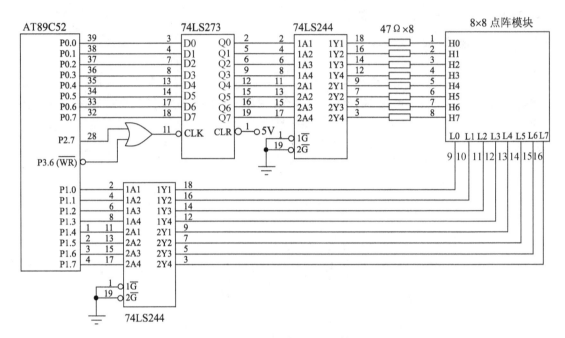

图 4-5　8×8 点阵 LED 接口电路图

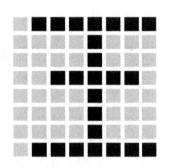

图 4-6　汉字"王"8×8 的点阵图

🌸 五、软件流程图

实验的软件流程图如图 4-7 所示.

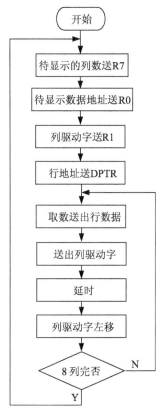

图 4-7　8 × 8 点阵 LED 显示软件流程图

❀ 六、实验仪器与器件

1. 软件设备：Windows 操作系统、MCS-51 集成开发环境.

2. 硬件设备：微型计算机(1 台)、可插接标准双列直插插座的实验电路板(1 块)、51 系列单片微机仿真系统(1 台)、直流稳压电源 +5V(1 台).

3. 主要实验器件：74LS244(2 块)、74LS273(1 块)、排阻 47Ω(1 块)、8 × 8 点阵 LED 显示模块(1 块).

❀ 七、实验报告要求

1. 绘出实验线路图.
2. 列出显示程序.
3. 写出调试过程.

❀ 八、实验预习要求

1. 充分预习汇编语言指令的功能.
2. 预习并行 I/O 口工作原理和 LED 显示的硬件电路.

九、实验参考程序

```
              DISO    RQU   30H              ; 定义显示缓冲区首地址
      LOAD:   MOV     R0,#DISO               ; 送显示缓冲区首地址
              MOV     R7,#08H                ; 共 8 个字节
              MOV     DPTR,#TAB              ; 送表格首地址
      LOAD1:  MOV     A,#00H
              MOVC    A,@ A + DPTR           ; 查表
              MOV     @ R0,A                 ; 送数
              INC     DPTR
              INC     R0
              DJNZ    R7,LOAD1
              RET
      TAB:    DB      00H,81H,89H,89H,0FFH,89H,89H,81H
                                             ; "王"字的点阵代码


      SCAN:   MOV     R7,#08H                ; 8 列
              MOV     R0,#DISO               ; 送显示缓冲区首地址
              MOV     R1,#0FEH               ; 送列驱动字
              MOV     DPTR,#7FFFFH
      SCAN1:  MOV     A,@ R0
              MOVX    @ DPTR,A
              MOV     P1,R1
              LCALL   DLAY                   ; 调用延时程序
              MOV     A,R1
              RL      A
              MOV     R1,A
              INC     R0
              DJNZ    R7,SCAN1
              SJMP    SCAN
```

4.3   开关量的输入

一、实验目的

掌握开关量的读取硬件电路组成和软件编制方法.

二、实验原理

采用单片微机的 P1 口作为输入口,接 8 个开关,硬件电路如图 4-8 所示.由于 P1 口作

为普通 I/O 口使用时,是准双向口结构,因此它的输入、输出操作不同,即输入操作是读引脚的状态,而输出操作是对端口锁存器的写入操作. 当由内部总线给端口锁存器置"0"或"1"时,锁存器中的"0"或"1"状态会立即反映在引脚上. 而在输入操作时,如果锁存器的状态为"0",该引脚会被箝位在低电平,导致无法读出该引脚的高电平输入. 所以准双向口作为输入口时,应先将锁存器置"1",即先向该 I/O 口写"1",然后再读引脚. 当某个开关闭合时,P1 口相应的位就为"0";否则,相应的位为"1". P0 口作为地址、数据分时复用总线. 用 74LS273 扩展一个 8 位并行输出口. 74LS273 是一片带清除端的 8D 触发器,将它的清除端接 +5V. 用 WR信号和一根地址线共同控制该芯片的 CLK 端,在执行"MOVX　@ DPTR, A"指令时,将数据送到 74LS273.

🍀 三、实验内容

1. P1 口作为输入口,接 8 个开关 K1 ~ K8. 以 74LS273 作输出口,控制 8 个单色 LED 灯 L1 ~ L8.编写程序读取开关状态,将此状态在发光二极管上进行显示.

2. 编写程序读取开关状态,当 K1 闭合时,L1 ~ L4 亮,L5 ~ L8 灭;当 K2 闭合时,L1 ~ L4 灭,L5 ~ L8 亮.

🍀 四、实验电路

实验的硬件电路如图 4-8 所示,74LS273 既作为输出锁存器,同时又作为 LED 发光管的驱动器.

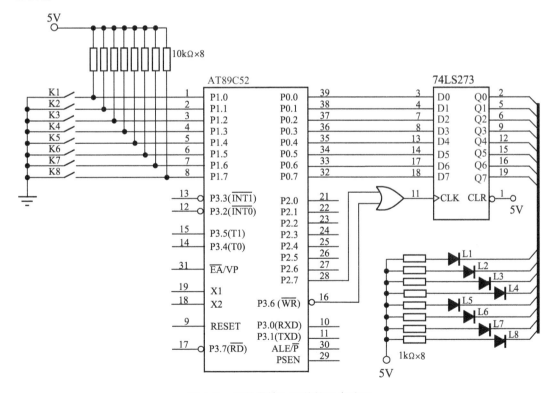

图 4-8　开关量输入硬件接口电路图

五、软件流程图

实验的软件流程如图 4-9 和图 4-10 所示.

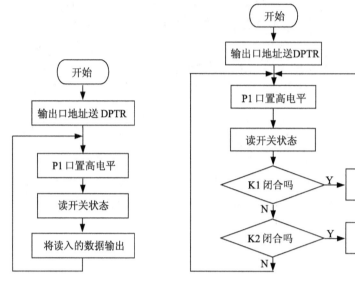

图 4-9　开关状态的显示　　　　图 4-10　根据开关的闭合状态进行显示

六、实验仪器与器件

1. 软件设备：Windows 操作系统、MCS-51 集成开发环境.
2. 硬件设备：微型计算机(1 台)、可插接标准双列直插插座的实验电路板(1 块)、51 系列单片微机仿真系统(1 台)、直流稳压电源 +5V(1 台).
3. 主要实验器件：74LS273(1 块)、74LS32(1 块)、排阻 10kΩ(1 块)、排阻 1kΩ(1 块)、发光二极管(8 只)、DIP 开关(8 联)(1 个).

七、实验报告要求

1. 绘出实验线路图.
2. 列出显示程序.
3. 写出调试过程.

八、实验预习要求

1. 充分预习汇编语言指令的功能.
2. 预习并行 I/O 口的结构与工作原理.

九、实验参考程序

1.　　　　　　　ORG　　　0000H
　　　　　　　　LJMP　　　START

```
                ORG        0030H
START:          MOV        DPTR,#7FFFH          ; 输出口地址送 DPTR
RD:             MOV        P1,#0FFH             ; P1 口置输入状态
                MOV        A,P1                 ; 读开关状态
                MOVX       @DPTR,A              ; 将读入的数据输出,并显示
                SJMP       RD
                END
```

2.
```
                ORG        0000H
                LJMP       START
                ORG        0030H
START:          MOV        DPTR,#7FFFH          ; 输出口地址送 DPTR
RD:             MOV        P1,#0FFH             ; P1 口置输入状态
                MOV        A,P1                 ; 读开关状态
                PUSH       ACC
                ANL        A,#01H
                JZ         WR_1                 ; 判断 K1 闭合否
                POP        ACC
                ANL        A,#02H
                JZ         WR_2                 ; 判断 K2 闭合否
                MOV        A,#0FFH              ; 灯全灭
                MOVX       @DPTR,A
                SJMP       RD
WR_1:           MOV        A,#0F0H              ; L1～L4 亮,L5～L8 灭
                MOVX       @DPTR,A
                SJMP       RD
WR_2:           MOV        A,#0FH               ; L1～L4 灭,L5～L8 亮
                MOVX       @DPTR,A
                SJMP       RD
                END
```

4.4 矩阵式键盘的键识别

❋ 一、实验目的

掌握用行扫描法进行键识别的方法.

二、实验原理

采用矩阵式键盘,识别键盘上的闭合键通常采用两种方法,一种是行扫描法;另一种为线反转法.行扫描法识别闭合键的原理是先使第 0 行输出"0",其余行输出"1",然后检查列线信号.如果某条列线有低电平信号,则表明第"0"行和该列相交位置上的键被按下;否则,说明没有键被按下.此后,再将第"1"行输出"0",其余行为"1",然后检查列线中是否有变为低电平的线.如此往下逐行扫描,直到最后一行.在扫描过程中,当发现某一行有闭合键时,就中断扫描,然后根据行线位置和列线位置,识别此刻被按下的是哪一个键.用线反转法识别闭合键时,要将行线接一个并行口,先让它工作在输出方式;将列线也接到一个并行口,让它工作在输入方式.输出口往各行线上全部送"0",然后从输入端读入列线的值.如果此时有某个键被按下,则必定是某一列线的值为"0".然后对两个并行口进行方式设置,使接行线的并行口工作在输入方式,而使接列线的并行口工作在输出方式,并且将刚才读得的列线值从并行口输出,再次读行线的输入值,那么,在闭合键所在的行线上的值必定为"0".这样,当一个键被按下时,必定读得唯一的行列值.

三、实验内容

P1 口作为输入口,接 4×4 键盘(编号 0~F),P1.0~P1.3 作为行线、P1.4~P1.7 作为列线.P0 口通过一片 74LS273 驱动一个共阴极数码管.编写程序,将按键号显示在数码管上.

四、实验电路

实验的硬件电路如图 4-11 所示.

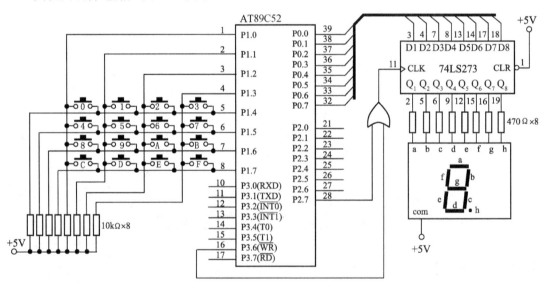

图 4-11　矩阵式键盘电路的识别与显示硬件电路图

五、软件流程图

实验的软件流程图如图 4-12 所示.

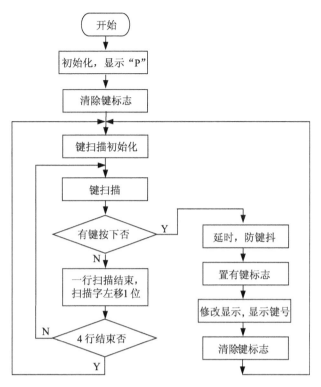

图 4-12 矩阵式键盘识别与显示程序流程

六、实验仪器与器件

1. 软件设备：Windows 操作系统、MCS-51 集成开发环境.

2. 硬件设备：微型计算机(1 台)、可插接标准双列直插插座的实验电路板(1 块)、51 系列单片微机仿真系统(1 台)、直流稳压电源 +5V(1 台).

3. 主要实验器件：74LS273(1 块)、74LS32(1 块)、排阻 470Ω(1 块)、排阻 10kΩ(1 块)、按键(16 只).

七、实验报告要求

1. 绘出实验线路图.
2. 列出显示程序.
3. 写出调试过程.

八、实验预习要求

1. 预习汇编语言指令的功能.
2. 复习有关矩阵式键盘的组成原理,重点是矩阵式行扫描法的工作原理.

九、实验参考程序

```
        ORG        0000H
```

```
START:      MOV     30H,#8CH            ;显示"P"
            LCALL   DISP               ;调用显示程序
            CLR     F0                 ;清键标志位
            SJMP    L1
L3:         MOV     A,31H              ;键值送累加器
            MOV     DPTR,#TABLE        ;查表
            MOVC    A,@A+DPTR
            MOV     30H,A              ;键值送显示缓冲区
            LCALL   DISP               ;显示
            CLR     F0                 ;清键标志位
L1:         MOV     R3,#04H            ;送键扫描循环次数
            MOV     31H,#0FFH          ;送键初始值
            MOV     32H,#0EFH          ;送键扫描字
L2:         MOV     P1,32H             ;送键扫描字
            INC     31H                ;键值加1
            JNB     P1.0,KEY00         ;有键转移
            INC     31H
            JNB     P1.1,KEY11
            INC     31H
            JNB     P1.2,KEY22
            INC     31H
            JNB     P1.3,KEY33
            MOV     A,32H              ;键扫描字左移
            RL      A
            MOV     32H,A
            DJNZ    R3,L2              ;4次循环未结束,继续
            SJMP    R3,L1              ;4次循环结束,继续

KEY00:      LCALL   DELAY              ;防键抖,延时
            JB      P1.0,L1
            SETB    F0                 ;置按键标志位
            LJMP    L3

KEY11:      LCALL   DELAY
            JB      P1.1,L1
            SETB    F0
            LJMP    L3

KEY22:      LCALL   DELAY
```

```
            JB        P1.2,L1
            SETB      F0
            LJMP      L3

KEY33：     LCALL     DELAY
            JB        P1.3,L1
            SETB      F0
            LJMP      L3

DELAY0：    MOV       R4,#00H
DELAY2：    MOV       R5,#0AH
DELAY1：    DJNZ      R5,DELAY1
            DJNZ      R4,DELAY2
            RET

DISP：      MOV       DPTR,#7FFFH
            MOV       A,30H
            MOVX      @DPTR,A
            RET
TABEL：     DB        0C0H,0F9H,0A4H,0B0H,99H,92H,82H,0F8H
            DB        80H,90H,88H,83H,0C6H,0A1H,83H,8EH
```

4.5　外部中断的应用

一、实验目的

掌握中断系统的工作原理以及外部中断控制程序的设计方法.

二、实验原理

51 系列单片微机有两个外部硬件中断输入端：P3.2（$\overline{\text{INT0}}$）和 P3.3（$\overline{\text{INT1}}$），外部中断有两种触发方式，即下降沿或者低电平信号，通过设置控制位 IT0/IT1 来规定有效的触发方式.单片微机内部的外部中断允许位是 EX0/EX1，只有当 EX0/EX1 等于 1 且中断总允许位 EA=1 时，CPU 才有可能响应中断.中断优先级控制位 PX0/PX1 用来规定外部中断的优先级是高还是低，若 PX0/PX1 为 1，则外部中断 0/外部中断 1 的优先级为高；反之，为低.单片微机复位后，所有的中断优先级都为低.

当有中断请求信号产生时，中断标志位 IE0/IE1 会置 1，若此时系统是开中断的（即中断允许位为 1），且没有同级或高级的中断服务程序在执行，CPU 会响应中断，单片微机就会自动保存好断点地址，然后转到中断入口地址单元去执行程序.外部中断 0/外部中断 1 的中断入口地址是 0003H 和 0013H.

编写外部中断程序时需要注意:主程序中要设定中断的有效触发方式,开中断;中断服务程序放在中断入口地址开始的单元,以 RETI 结束.当然,通常中断服务程序不放在中断入口地址单元,而是另外独立存放,此时,中断入口地址单元要放一条无条件转移指令,转到中断服务程序的首地址.

三、实验内容

1. $\overline{INT0}$引脚外接一个按键开关 K1,P1 口外接 8 个 LED,编写程序实现开关闭合一次,8 个 LED 切换一次亮灭状态.

2. $\overline{INT0}$引脚外接一个按键开关 K1,P1 口外接 8 个 LED,上电后 8 个 LED 以跑马灯的形式循环点亮,开关闭合一次,则高 4 位、低 4 位的 4 个灯交替亮灭 5 次,然后再回到跑马灯状态.

3. INT0、INT1 引脚分别外接按键开关 K1、K2,P1 口外接 8 个 LED,P2 口外接共阳极的数码管,编写程序,实现 K1 闭合数码显示加 1,K2 闭合数码显示减 1.

四、实验电路

实验的硬件电路如图 4-13 所示.

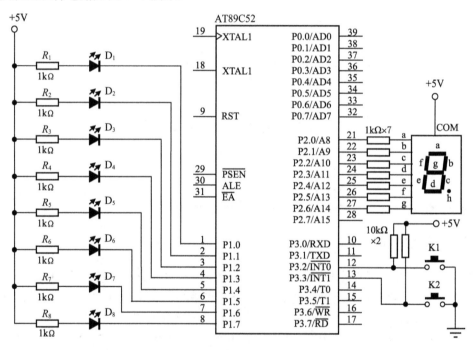

图 4-13　外部中断实验接口电路图

五、软件流程图

主程序流程图如图 4-14 所示,实验 1 的中断服务程序流程图如图 4-15 所示.

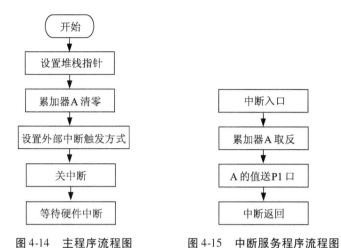

图 4-14　主程序流程图　　图 4-15　中断服务程序流程图

六、实验仪器与器件

1. 软件设备：Windows 操作系统、MCS-51 集成开发环境.

2. 硬件设备：微型计算机(1 台)、可插接标准双列直插插座的实验电路板(1 块)、51 系列单片微机仿真系统(1 台)、直流稳压电源 +5V(1 台).

3. 主要实验器件：发光二极管(8 只)、排阻 1kΩ(9 引脚,1 块)、排阻 1kΩ(16 引脚,1 块)、电阻 10kΩ(2 只)、共阳极数码管(1 块)、按键(2 只).

七、实验报告要求

1. 绘出实验线路图.

2. 画出流程图并写出源程序.

3. 写出调试过程.

八、实验预习要求

1. 充分预习汇编语言指令的功能.

2. 预习中断系统的结构与工作原理.

九、实验参考程序

```
1.              ORG     0000H
                LJMP    MAIN
                ORG     0003H
                CPL     A
                MOV     P1,A
                RETI
        MAIN:   MOV     SP,#40H
                MOV     A,#00H
```

73

```
                    SETB      IT0
                    SETB      EX0
                    SETB      EA
                    SJMP      $
                    END


2.                  ORG       0000H
                    LJMP      MAIN
                    ORG       0003H
                    LJMP      INT_EX0
                    ORG       0030H
        MAIN：       MOV       SP,#40H
                    MOV       A,#0FEH
                    SETB      IT0
                    SETB      EX0
                    SETB      EA
        LOOP：       MOV       P1,A
                    RL        A
                    LCALL     DELAY
                    SJMP      LOOP
;延时子程序
        DELAY：      MOV       R7,#00H
        DELAY_1：    MOV       R6,#00H
                    DJNZ      R6,$
                    DJNZ      R7,DELAY_1
                    RET
;中断服务程序
        INT_EX0：    PUSH      ACC
                    MOV       R5,#10
                    MOV       A,#0FH
        AGAIN：      SWAP      A
                    MOV       P1,A
                    LCALL     DELAY
                    DJNZ      R5,AGAIN
                    POP       ACC
                    RETI
                    END
```

```
3.                ORG     0000H
                  LJMP    MAIN
                  ORG     0003H
                  LJMP    INT_EX0
                  ORG     0013H
                  LJMP    INT_EX1
                  ORG     0030H
        MAIN:     MOV     SP,#40H
                  MOV     R0,#00H
                  SETB    IT0
                  SETB    EX0
                  SETB    IT1
                  SETB    EX1
                  SETB    EA
                  LCALL   DISPLAY
                  SJMP    $
        ;数码显示子程序
        DISPLAY:  MOV     A,R0
                  MOV     DPTR,#TAB
                  MOVC    A,@A+DPTR
                  MOV     P2,A
                  RET
        ;外部中断 0 的中断服务程序
        INT_EX0:  INC     R0
                  CJNE    R0,#10,NEXT0
                  MOV     R0,#0
        NEXT0:    LCALL   DISPLAY
                  RETI
        ;外部中断 1 的中断服务程序
        INT_EX1:  DEC     R0
                  CJNE    R0,#0FFH,NEXT1
                  MOV     R0,#9
        NEXT1:    LCALL   DISPLAY
                  RETI
        ;段码表
        TAB:      DB  0C0H,0F9H,0A4H,0B0H,99H,92H,82H,0F8H,80H,
                      90H,0FFH
                  END
```

4.6　定时器/计数器的应用

一、实验目的

1. 掌握 51 系列单片微机定时器/计数器的工作原理,并根据晶振频率设计出定时准确的中断服务程序.

2. 利用定时器/计数器,设计一个计算机时钟.

二、实验原理

将 51 系列单片微机的定时器/计数器设定为定时器方式时,能将振荡器的 12 分频信号作为计数信号进行计数,并在溢出时产生内部中断. 利用这个功能,根据晶振的振荡频率使用单片微机的定时器中断,就能获得准确的秒信号. 在秒信号的基础上编制程序,可以获得分、时,如果需要,还可以通过计算获得日、月、年等时标信息. 由于硬件上单片微机获得秒、分、时等时标信息时,并不需要占用单片微机系统的外部资源,所以秒、分、时的显示可以利用本书前面介绍的 LED 数码块硬件显示接口电路. 图 4-16 所示的是采用 LED 数码块时钟显示接口电路,它可以显示时、分、秒.

三、实验内容

单片微机时钟显示硬件参考接口方式如图 4-16 所示.

1. 调试中断程序,准确得到秒、分、时数据.

2. 调试输出显示程序,将时、分、秒显示在数码块上.

若单片微机的晶振频率为 11.0592MHz,则 12 分频后计数频率为 11059200Hz/12 = 921600Hz = 921.6kHz.

实验采用定时器 2,定义 T2 工作在 16 位自动再装载方式,预置数据 19456(4C00H),计数值为 46080,这样就能实现 50ms 中断一次,中断 20 次就能获得秒信号.

四、实验电路

实验的硬件电路如图 4-16 所示,用于时、分、秒的显示.

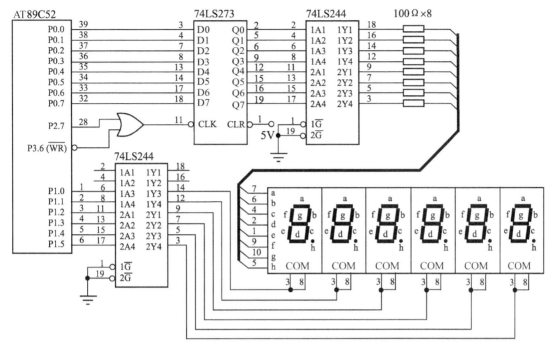

图 4-16　时钟显示硬件接口电路图

五、实验仪器与器件

1. 软件设备：Windows 操作系统、MCS-51 集成开发环境.

2. 硬件设备：微型计算机（1 台）、可插接标准双列直插插座的实验电路板（1 块）、51 系列单片微机仿真系统（1 台）、直流稳压电源 +5V（1 台）.

3. 主要实验器件：74LS273（1 块）、74LS244（2 块）、74LS32（1 块）、排阻 100Ω（8 块）、LED 数码块（共阴极）（6 块）.

六、实验报告要求

1. 绘出实验线路图.

2. 列出实验采用的程序.

3. 写出调试过程.

七、实验预习要求

1. 预习汇编语言指令的功能.

2. 复习有关定时器/计数器的工作原理,重点是定时器/计数器 2 的工作模式.

八、实验参考程序

以下程序仅为主程序初始化处理和定时器/计数器 2 的中断处理.

```
                T2H1      EQU      4CH                ; T2 自动再装载预置数高位
```

```
          T2L1    EQU      00H          ; T2 自动再装载预置数低位
          HOUR    EQU      73H
          MIN     EQU      74H
          SEC     EQU      75H
          ORG     0000H
          LJMP    START
          ORG     002BH
          LJMP    RED_1
START：   MOV     73H,#00H              ; 清时时标寄存器
          MOV     74H,#00H              ; 清分时标寄存器
          MOV     75H,#00H              ; 清秒时标寄存器
          MOV     76H,#14H              ; 50ms 一次中断,20 次为 1s
          MOV     TH2,#T2H1             ; 定义 T2 为 16 位自动再装载模式
          MOV     TL2,#T2L1
          MOV     RCAP2H,#T2H1          ; 定义 T2 自动再装载高 8 位
          MOV     RCAP2L,#T2L1          ; 定义 T2 自动再装载低 8 位
          MOV     T2MOD,#00H            ; 定义自动再装载
          MOV     T2CON,#00H
          SETB    TR2
          SETB    ET2
          SETB    EA
HERE：    SJMP    HERE

RED_1：   CLR     TF2
          DJNZ    6FH,R_111            ; 1s 未满转移
          MOV     6FH,#14H
          SJMP    R_112
R_111：   LJMP    R_100                ; 返回
R_112：   MOV     A,75H                ; 处理秒信息
          CLR     C
          SUBB    A,#3BH               ; 判秒是否满 59s
          JZ      R_113                ; 满 59s 处理
          INC     75H                  ; 秒加 1
          LJMP    R_100                ; 返回
R_113：   MOV     75H,#00H             ; 秒寄存器清零
          MOV     A,74H
          CLR     C
          SUBB    A,#3BH               ; 判分是否满 59min
          JZ      R_114
```

```
            INC       74H                  ; 分加 1
            LJMP      R_100                ; 返回
R_114：     MOV       74H,#00H             ; 分寄存器清零
            MOV       A,73H
            CLR       C
            SUBB      A,#17H               ; 判时是否满 23h
            JZ        R_115
            INC       73H                  ; 时加 1
            LJMP      R_100                ; 返回
R_115：     MOV       73H,#00H             ; 时寄存器清零
R_100：     RETI
```

4.7　串行通信接口（RS-232C）的应用

一、实验目的

掌握 51 系列单片微机 RS-232C 串行通信接口的原理和应用.

二、实验原理

由于串行通信方式具有所用传输线少、接口电路简单、成本低等特点,因而它是计算机在与外部进行数据通信时采用的最主要传输方式.

RS-232C 是美国电子工业协会 EIA（Electronic Industry Association）公布的串行总线标准,用于微机与微机之间、微机与外部设备之间的数据通信,RS-232C 一般适用于通信距离不大于 15m、传输速率小于 20kbps 的场合.

虽然目前串行通信普遍采用 USB 接口,但由于 USB 串行接口距离较近,一般在 5m 以内,所以在某些场合只能采用 RS-232C 串行通信接口进行通信.

RS-232C 可以说是相当简单的一种通信标准,最少只需要利用三根信号线,便可实现全双工的通信.

三、实验内容

利用异步串行传输可实现点对点的通信.采用两个单片微机系统实现串行通信,单片微机的串行口采用方式 1 工作.实验采用电平转换芯片 MAX232,使传输的电信号符合 RS-232C 规范. A 机为发送端,B 机为接收端,传送波特率为 9600bps.

A 机有一个启动按键（START）,按下 START 键,开始发送数据,B 机有 3 个作为指示器的发光二极管 V_1、V_2 和 V_3,分别指示忙（BUSY）、接收正确（OK）和接收错误（ERR）.

本实验需设定双方通信协议,当接收方接收到协议规定的数据,接收正确（OK）,指示灯亮 1s;如果接收错误,则接收错误（ERR）指示灯亮 1s;如果通信出现故障,则发送端按下 START 键后,OK 和 ERR 指示灯均不亮.

发送端 A 机共 33 个字节,前 32 个字节为数据 01H ~ 20H,最后一个数据为累加和.接收端 B 机,接收完 32 个数据后,将本机形成的累加和与接收到的最后一个字节(第 33 个字节累加和)做比较,相同表示接收正确,不同则表示接收错误.

四、实验电路

实验电路如图 4-17 所示.

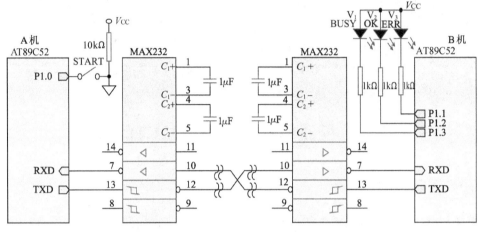

图 4-17　RS-232C 串行通信实验电路图

五、实验仪器与器件

1. 软件设备:Windows 操作系统、MCS-51 集成开发环境.

2. 硬件设备:微型计算机(1 台)、可插接标准双列直插插座的实验电路板(1 块)、51 系列单片微机仿真系统(1 台)、直流稳压电源 +5V(1 台).

3. 主要实验器件:AT89C52 单片微机(2 块)、MAX232(2 块)、晶振 11.0592MHz(2 只)、元片电容 30pF(4 只)、CBB 电容 1μF(4 只)、发光二极管(3 只)、电阻 1kΩ(3 只)、电阻 10kΩ(1 只)、按键(1 只).

六、实验报告要求

1. 绘出实验线路图.
2. 列出实验采用的程序.
3. 写出调试过程.

七、实验预习要求

1. 预习汇编语言指令的功能.
2. 复习有关串行通信接口的工作原理,重点是串行通信的工作模式及波特率定义等内容.

八、实验参考程序

发送端 A 机:

```
              ORG     0000H
              LJMP    MAIN
              ORG     0023H

MAIN1：       MOV     SP,#7FH
              MOV     TMOD,#26H        ;T1 作为波特率发生器
              MOV     TH1,#0FDH
              MOV     TL1,#0FDH
              MOV     PCON,#00H        ;波特率 9600
              SETB    TR1              ;启动波特率
MAIN2：       JB      P1.0,MAIN2       ;没按键等待
              MOV     R7,#00H          ;防键抖等待
DELY：        NOP
              NOP
              NOP
              NOP
              NOP
              DJNZ    R7,DELY
              JB      P1.0,MAIN2
              MOV     R7,#20H          ;32 个字节数据
              MOV     R2,#00           ;累加和初始值为 0
              MOV     A,#01H           ;第一个数为 1
SCOM3：       MOV     SBUF,A           ;发送数据
              ADD     A,R2             ;形成累加和
              MOV     R2,A             ;送累加和
              INC     A                ;数据加 1
SCOM1：       JBC     TI,SCOM2         ;等待发送完
              SJMP    SCOM1
SCOM2：       DJNZ    R7,SCOM3         ;32 个字节发送完否
              MOV     A,R2             ;发送累加和
              MOV     SBUF,A
SCOM4：       JBC     TI,SCOM5
              SJMP    SCOM4
SCOM5：       LJMP    MAIN2
接收端 B 机：
              ORG     0000H
              LJMP    MAIN1
              ORG     0023H
              LJMP    SCM10
```

```
                ORG     0030H
MAIN1:          MOV     SP,#7FH
                MOV     PCON,#00H
                MOV     TMOD,#26H        ;T1 作为波特率发生器
                MOV     TH1,#0FDH
                MOV     TL1,#0FDH
                MOV     PCON,#00H        ;波特率 9600
                SETB    TR1              ;启动波特率
                MOV     SCON,#70H        ;串行口方式 1,允许收
                MOV     IE,#93H          ;允许串行口中断
HERE1:          SJMP    HERE1            ;等待接收数据

SCM10:          CLR     RI               ;清中断标志
                MOV     R0,#30H          ;定义接收数据地址指针
                MOV     R7,#20H          ;定义接收数据字节数
                MOV     R2,#00H          ;累加和清零
SCM13:          MOV     A,SBUF           ;接收数据
                MOV     @R0,A            ;送数
                INC     R0               ;指针加 1
                ADD     A,R2             ;形成累加和
                MOV     R2,A
SCM12:          DJNZ    R7,SCM11         ;32 个字节数据接收完否
                LJMP    SCM14
SCM11:          MOV     R5,#00H          ;防死循环
                JBC     RI,SCM13         ;判数据是否已到
                DJNZ    R5,SCM11
                LJMP    SCM16            ;数据接收错误返回
SCM14:          MOV     R5,#00H          ;防死循环
                JBC     RI,SCM15
                DJNZ    R5,SCM14
                LJMP    SCM16
SCM15:          MOV     A,SBUF           ;接收累加和
                XRL     A,R2             ;判累加和是否相同
                JZ      OK111            ;相同转移
                CLR     P1.1             ;错误(ERR)指示灯亮
                LCALL   DELY1            ;亮 1s
                SETB    P1.1             ;错误(ERR)指示灯灭
                LJMP    SCM16
OK111:          CLR     P1.2             ;正确(OK)指示灯亮
```

```
        LCALL   DELY1           ;亮 1s
        SETB    P1.0            ;正确(OK)指示灯灭
SCM16：  RETI

DELY1：  MOV     R3,#00H         ;延时 1s
DELY4：  MOV     R4,#00H
DELY3：  MOV     R5,#05H
DELY2：  DJNZ    R5,DELY2
        DJNZ    R4,DELY3
        DJNZ    R3,DELY4
        RET
```

4.8　A/D 转换器

✤ 一、实验目的

掌握 A/D 转换器与单片微机的接口技术以及程序设计方法.

✤ 二、实验原理

ADC0808 是 ADC0809 的简化版本,与 ADC0809 功能基本相同.ADC0808 是采样分辨率为 8 位的、以逐次逼近原理进行模/数转换的器件,其内部有一个 8 通道多路开关,可以根据地址码锁存译码后的信号,只选通 8 路模拟输入信号中的一路进行 A/D 转换.ADC0808 各个引脚功能如下.

- IN0 ~ IN7：8 路模拟量输入端.
- OUT1 ~ OUT8：8 位数字量输出端.OUT8 为最低位,OUT1 为最高位.
- ALE：地址锁存允许信号,输入,高电平有效.
- START：A/D 转换启动脉冲输入端,输入一个正脉冲(至少 100ns 宽),使其启动(脉冲上升沿使 0808 复位,下降沿启动 A/D 转换).
- EOC：A/D 转换结束信号,输出,当 A/D 转换结束时,此端输出一个高电平,转换期间一直为低电平.
- OE：数据输出允许信号,输入,高电平有效.当 A/D 转换结束时,此端输入一个高电平,才能打开输出三态门,使 OUT1 ~ OUT8 输出数字量.
- CLOCK：时钟脉冲输入端.要求时钟频率不高于 640kHz.
- $V_{REF}(+)$ 和 $V_{REF}(-)$：参考电压输入端.
- V_{CC}：主电源输入端.
- GND：地.
- ADDA、ADDB、ADDC：3 位地址输入线,用于选通 8 路模拟输入中的一路.

编写 A/D 转换程序时,主要包括三个步骤：启动 A/D 转换、等待 A/D 转换结束、读 A/D 转换结果.最后将读到的结果送显示器.

🌸 三、实验内容

利用电位器提供的可调电压作为 ADC0808 的模拟信号输入,编制程序,将模拟量(0 ~ 5V)转换为数字量(0 ~ 255),通过数码管显示出来.

🌸 四、实验电路

ADC0808 与单片微机的硬件接口电路如图 4-18 所示.电位器的输出接 IN0,ADDC、ADDB、ADDA 接地,A/D 转换器的数据输出端 OUT8 ~ OUT1 接 P1.0 ~ P1.7 口,OE、EOC、START 分别接 P2.5、P2.6、P2.7,CLOCK 外接时钟输入.两片 74HC573 分别用来对数码管的段、位进行控制.

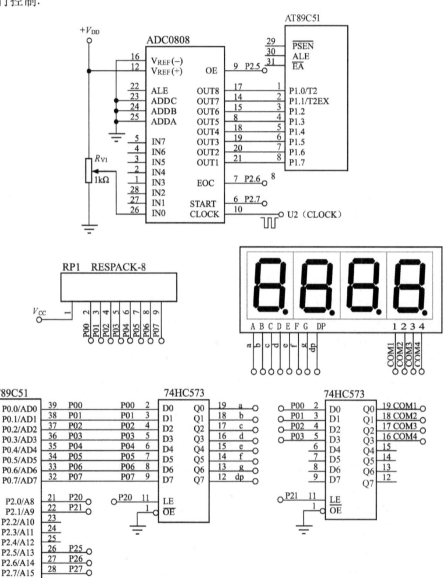

图 4-18 A/D 转换实验电路图

五、软件流程图

实验的主程序流程图如图 4-19 所示.

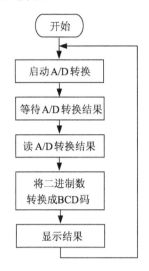

图 4-19 A/D 转换主程序流程图

六、实验仪器与器件

1. 软件设备：Windows 操作系统、MCS-51 集成开发环境.
2. 硬件设备：微型计算机(1 台)、可插接标准双列直插插座的实验电路板(1 块)、51 系列单片微机仿真系统(1 台)、直流稳压电源 +5V(1 台).
3. 主要实验器件：AT89C51 单片微机(1 块)、74HC573(2 块)、排阻 10kΩ(1 块)、ADC0808(1 块)、电位器 1kΩ(1 只).

七、实验报告要求

1. 绘出实验线路图.
2. 画出流程图并写出源程序.
3. 写出调试过程.

八、实验预习要求

1. 充分预习汇编语言指令的功能.
2. 预习 ADC0808 的结构及引脚功能.

九、实验参考程序

```
            ORG     0000H
MAIN：      CLR     P2.7
LOOP：      SETB    P2.7            ；启动 A/D 转换
            NOP
```

```
        CLR       P2.7
        JNB       P2.6,$              ;等待 A/D 转换结束
        MOV       30H,P1             ;A/D 转换结果送到 30H 单元
        LCALL     BIN2BCD            ;数值转换
        LCALL     DISPLAY            ;显示输出
        LJMP      LOOP
;二进制数转换成 BCD 码
BIN2BCD： MOV      A,30H
        MOV       B,#100
        DIV       AB
        MOV       31H,A
        MOV       A,B
        MOV       B,#10
        DIV       AB
        MOV       32H,A
        MOV       33H,B
        RET
;显示 3 位数据子程序
DISPLAY： MOV      P0,#0FFH           ;关显示,消隐
        SETB      P2.0
        CLR       P2.0
        MOV       A,31H              ;将百位数读到 A
        MOV       DPTR,#TAB
        MOVC      A,@ A + DPTR       ;查表得到七段码
        MOV       P0,A               ;输出段码到 P0 口
        SETB      P2.0               ;选通锁存器
        CLR       P2.0
        MOV       P0,#01H            ;位选,选最高位
        SETB      P2.1               ;选通锁存器
        CLR       P2.1
        LCALL     DELAY2MS           ;延时
        MOV       P0,#0FFH
        SETB      P2.0
        CLR       P2.0
        MOV       A,32H
        MOV       DPTR,#TAB
        MOVC      A,@ A + DPTR
        MOV       P0,A
        SETB      P2.0
```

```
          CLR      P2.0
          MOV      P0,#02H
          SETB     P2.1
          CLR      P2.1
          LCALL    DELAY2MS
          MOV      P0,#0FFH
          SETB     P2.0
          CLR      P2.0
          MOV      A,33H
          MOV      DPTR,#TAB
          MOVC     A,@ A + DPTR
          MOV      P0,A
          SETB     P2.0
          CLR      P2.0
          MOV      P0,#04H
          SETB     P2.1
          CLR      P2.1
          LCALL    DELAY2MS
          RET
DELAY2MS：MOV      R7,#47
DEL_1：   MOV      R6,#20
          DJNZ     R6,$
          DJNZ     R7,DEL_1
          RET
TAB：     DB       0C0H,0F9H,0A4H,0B0H,99H,92H,82H,0F8H,80H,90H,
                   0FFH
          END
```

4.9 D/A 转换器实验

❀ 一、实验目的

掌握 D/A 转换器与单片微机的接口技术以及程序设计方法.

❀ 二、实验原理

DAC0832 是 8 位分辨率的 D/A 转换集成芯片,它由 8 位数据输入锁存器、8 位 DAC 寄存器、8 位 D/A 转换电路及转换控制电路构成,单一电源供电(+5V ~ +15V),电流稳定时间 1μs,可单缓冲、双缓冲或直接数字输入. DAC0832 以电流形式输出,当需要转换为电压输

出时,可外接运算放大器.DAC0832 各个引脚功能如下:

- DI0 ~ DI7:8 位数据输入线,有效时间应大于 90ns;否则,锁存器的数据会出错.
- ILE:数据锁存允许控制信号输入线,高电平有效.
- CS:片选信号输入线(选通数据锁存器),低电平有效.
- WR1:数据锁存器写选通输入线,负脉冲有效.由 ILE、CS、WR1 的逻辑组合产生 LE1,当 LE1 为高电平时,数据锁存器状态随输入数据线变换,LE1 负跳变时将输入数据锁存.
- XFER:数据传输控制信号输入线,低电平有效,负脉冲(脉宽应大于 500ns)有效.
- WR2:DAC 寄存器选通输入线,负脉冲有效.由 WR2、XFER 的逻辑组合产生 LE2,当 LE2 为高电平时,DAC 寄存器的输出随寄存器的输入而变化,LE2 负跳变时将数据锁存器的内容输入 DAC 寄存器并开始 D/A 转换.
- I_{OUT1}:电流输出端 1,其值随 DAC 寄存器的内容线性变化.
- I_{OUT2}:电流输出端 2,其值与 I_{OUT1} 值之和为一常数.
- RFB:反馈信号输入线,改变 RFB 端外接电阻值,可调整转换满量程精度.
- V_{CC}:电源输入端,V_{CC} 的范围为 +5V ~ +15V.
- V_{REF}:基准电压输入线,V_{REF} 的范围为 -10V ~ +10V.
- AGND:模拟信号地.
- DGND:数字信号地.

三、实验内容

1. 设计实验电路图并编写程序,实现 D/A 转换,要求产生方波,并用示波器观察电压波形.

2. 设计实验电路图并编写程序,实现 D/A 转换,要求产生正向锯齿波,并用示波器观察电压波形.

3. 设计实验电路图并编写程序,实现 D/A 转换,要求产生三角波,并用示波器观察电压波形.

四、实验电路

实验的硬件电路如图 4-20 所示.

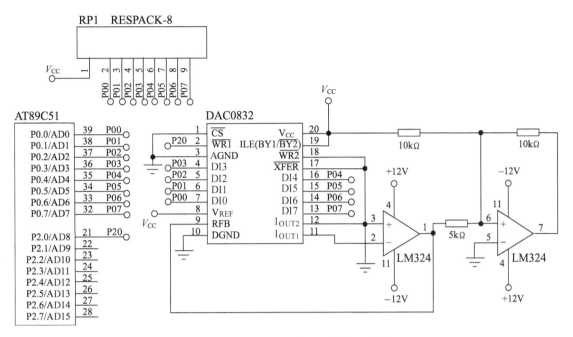

图 4-20　DAC0832 与单片微机的接口电路图

🌸 五、软件流程图

"实验内容 1"的主程序流程图如图 4-21 所示，"实验内容 2"的主程序流程图如图 4-22 所示.

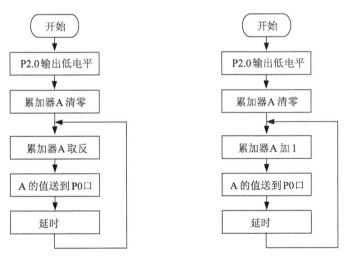

图 4-21　方波流程图　　　　图 4-22　正向锯齿波流程图

🌸 六、实验仪器与器件

1. 软件设备：Windows 操作系统、MCS-51 集成开发环境.

2. 硬件设备：微型计算机（1 台）、可插接标准双列直插插座的实验电路板（1 块）、51 系列单片微机仿真系统（1 台）、直流稳压电源 +5V（1 台）.

3. 主要实验器件：AT89C51 单片微机（1 块）、DAC0832（1 片）、LM324（1 片）、电阻 10kΩ（2 只）、电阻 5kΩ（1 只）、排阻 10kΩ（1 块）.

七、实验报告要求

1. 绘出实验线路图.
2. 画出程序流程图并写出源程序.
3. 写出调试过程.

八、实验预习要求

1. 充分预习汇编语言指令的功能.
2. 预习 DAC0832 的结构与工作原理.

九、实验参考程序

1. 方波程序.

```
            ORG     0000H
            CLR     P2.0
            MOV     A,#00H
LOOP：      CPL     A
            MOV     P0,A
            LCALL   DELAY100us
            SJMP    LOOP
DELAY100us： MOV     R7,#49
            DJNZ    R7,$
            RET
            END
```

2. 锯齿波程序.

```
            ORG     0000H
            CLR     P2.0
            MOV     A,#00H
LOOP：      INC     A
            MOV     P0,A
            LCALL   DELAY100us
            SJMP    LOOP
DELAY100us： MOV     R7,#49
            DJNZ    R7,$
            RET
            END
```

3. 三角波程序.

```
                ORG      0000H
                CLR      P2.0
                MOV      A,#00H
LOOP:           INC      A
                CJNE     A,#0FFH,L1
                LJMP     L2
L1:             MOV      P0,A
                LCALL    DELAY100us
                SJMP     LOOP
L2:             MOV      P0,A
                LCALL    DELAY100us
                DEC      A
                CJNE     A,#00,L2
                LJMP     LOOP
DELAY100us:     MOV      R7,#49
                DJNZ     R7,$
                RET
                END
```

第5章 MCS-51 单片微型计算机的 C 语言程序设计

5.1 单片微机 C 语言概述

随着单片微机开发技术的不断发展,目前使用 C 语言进行程序设计已经成为主流,很多硬件开发都用 C 语言编程,如各种单片微机、DSP、ARM 等.用 C 语言开发系统可以大大缩短开发周期,明显增强程序的可读性,便于改进、扩充和移植.而针对 8051 的 C 语言(C51)日趋成熟,成为专业化的实用高级语言.

与汇编语言相比较,C51 有如下一些优点:

1. 编程者不需要了解单片微机的指令系统,仅需要初步了解 8051 的存储器结构.

2. 寄存器分配、不同存储器空间的寻址方式及数据类型等细节可由编译器管理.

3. 程序有规范的结构,可分成不同的函数,这种方式可使程序结构化.

4. 提供的库包含许多标准子程序,具有较强的数据处理能力;由于具有方便的模块化编程技术,可使已编好的程序容易地移植.

用 C51 编写单片微机应用程序与使用标准的 C 语言编写程序的主要区别在于,用 C51 编写单片微机应用程序时,需要根据单片微机存储结构及内部资源定义相应的数据类型和变量,而使用标准的 C 语言程序不需要考虑这些问题;C51 包含的数据类型、变量存储模式、输入/输出处理函数等与标准的 C 语言有一定的区别.其他的如语法规则、程序结构及程序设计方法等与使用标准的 C 语言程序设计相同.

5.2 C51 的数据类型

一、基本数据类型

数据操作会因数据类型不同而有较大的差异,其差异主要体现在取值范围、存储位置和存储空间大小等几个方面.C51 的数据类型分为基本数据类型和组合数据类型,与标准 C 中的数据类型基本相同,其中 char 型与 short 型相同,float 型与 double 型相同.另外,C51 中还有专门针对 MCS-51 单片微机的特殊功能寄存器型和位类型.C51 主要数据类型如表 5-1 所示.

表 5-1 C51 的数据类型

基本数据类型		长度	取值范围
字符型	unsigned char	8	$0 \sim 255$
	signed char	8	$-128 \sim 127$

续表

基本数据类型		长度	取值范围
整型	unsigned int	16	0 ~ 65535
	signed int	16	− 32768 ~ 32767
长整型	unsigned long	32	0 ~ 4294967295
	signed long	32	− 2147483648 ~ 2147483647
浮点型	float	32	± 1.18e − 38 ~ ± 3.40e38
位类型	bit	1	0 或 1
	sbit	1	0 或 1
SFR 类型	sfr	8	0 ~ 255
	sfr16	16	0 ~ 65535

在 C51 语言程序中,有可能会出现在运算中数据类型不一致的情况. C51 允许任何标准数据类型的隐式转换,隐式转换的优先级顺序如下:

bit→char→int→long→float

signed→unsigned

也就是说,当 char 型与 int 型进行运算时,先自动对 char 型扩展为 int 型,然后与 int 型进行运算,运算结果为 int 型. C51 除了支持隐式类型转换外,还可以通过强制类型转换符"( )"对数据类型进行人为的强制转换. 如果反向赋值,则会丢弃高位.

C51 编译器除了能支持以上这些基本数据类型之外,还能支持一些复杂的组合型数据类型,如数组类型、指针类型、结构类型、联合类型等,这些在本书的后面将相继介绍.

二、C51数据的存储类型

由于单片微机的存储器结构复杂,在 C51 中定义变量时,有时需要指出其保存的位置,数据的存储类型如表 5-2 所示.

表 5-2　C51 的数据存储类型

存储器类型	长度	存储位置	说　明
data	8	片内 RAM	直接寻址:00 ~ 7FH,速度最快
bdata	8		可位寻址:20H ~ 2FH
idata	8		间接寻址:00 ~ FFH
pdata	8	片外 RAM	分页寻址:00 ~ FFH,MOVX 指令访问
xdata	16		间接寻址:0000 ~ FFFFH,MOVX 指令访问
code	16	ROM	间接寻址:0000 ~ FFFFH,MOVC 指令访问

C51 对变量定义时,既可以定义数据类型,又可以定义存储类型. 其格式为

数据类型　[存储类型]　变量名

例如:

char data i;	//定义8位变量i,放在片内直接寻址区00—7F区, 读取速度快
float idata x;	//定义32位变量x,放在间接寻址区00FF区
bit bdata flags;	//定义位变量flags,放在位寻址区

存储类型为可选项,如果不做存储类型的定义,系统将选择默认存储模式来存储,如表5-3所示,默认类型由编译控制命令指令限制.

表5-3　系统默认的数据存储类型

存储模式	默认存储类型	特点说明
SMALL	data(小模式)	存储于片内RAM,速度快
COMPACT	pdata(紧凑模式)	存储于片外分页RAM
LARGE	xdata(大模式)	存储于片外64K的RAM,速度慢

三、C51中对特殊功能寄存器的定义方法

1. 特殊功能寄存器的定义.

定义语法如下:

　　sfr   name = address;

其中,"sfr"为保留关键字,"name"为用户定义标示符,但通常是特殊功能寄存器名称,"="后面的地址必须是常数,不允许带有运算表达式,其常数值范围必须在特殊功能寄存器地址范围0x80~0xFF之间.

例如:

　　sfr   SCON = 0x90;　　　　　//串口控制寄存器地址90H

2. 特殊功能位的定义.

特殊位的定义利用关键字sbit进行说明,与sfr定义一样,用关键字"sbit"定义某些特殊位时能接受任何符号名称,这种地址分配有以下三种方式:

- 第1种方式,定义语法如下:

　　sbit   位变量名 = 特殊功能寄存器名^位序号(0~7有效);

例如:

　　sfr   PSW = 0xD0;　　　　//定义PSW

　　sbit   OV = PSW^2;　　　　//定义溢出标志位

- 第2种方式,定义语法如下:

　　sbit   位变量名 = 字节地址^位位置(0~7);

例如:

　　sbit OV = 0xD0^2;　　　　//OV位是0xD0单元的第2位

这种方法以一个整常数作为基地址,该值范围为0x80~0xFF,并能被8整除.

- 第3种方式,定义语法如下:

　　sbit   位变量名 = 位地址;

这种方法将位的绝对地址赋给变量,位地址范围为0x80~0xFF.

94

例如：

　　　sbit OV = 0xD2;　　　　　//OV 位地址为 0xD2

　　在 C51 中,为了用户处理方便,C51 编译器把 MCS-51 单片微机的常用特殊功能寄存器和特殊位进行了定义,放在"reg51. h"或"reg52. h"头文件中,当用户要使用时,只要在使用之前用一条预处理命令"#include　　< reg52. h >"把这个头文件包含到程序中,然后就可直接使用特殊功能寄存器名和特殊位名称,不用再做定义了.

5.3　C51 的运算符

一、赋值运算符

　　赋值运算符是"＝",利用赋值运算符将一个变量与一个表达式连接起来的式子称为赋值表达式,在赋值表达式的后面加一个分号";",就构成了赋值语句.

　　格式：

　　　变量名 = 表达式;

　　功能：先计算出右边表达式的值,然后赋给左边的变量.

　　例如：

　　　x = 8 + 9;　　　　　　　//将 8 + 9 的值赋给变量 x

　　　x = y = 5;　　　　　　　//将常数 5 同时赋给变量 x 和 y

二、算术运算符

　　C51 中支持的算术运算符有：

- ＋　加或取正值运算符
- －　减或取负值运算符
- ＊　乘运算符
- ／　除运算符
- ％　取余运算符

　　加、减、乘运算相对比较简单,而对于除运算,如相除的两个数为浮点数,则运算的结果也为浮点数;如相除的两个数为整数,则运算的结果也为整数,即为整除. 如 25.0/20.0 结果为 1.25,而 25/20 结果为 1.

　　对于取余运算,则要求参加运算的两个数必须为整数,运算结果为它们的余数. 例如, x = 5%3,结果 x 的值为 2.

三、关系运算符

　　C51 中有以下 6 种关系运算符：

- ＞　　大于
- ＜　　小于
- ＞＝　大于等于

- <= 小于等于
- == 等于
- != 不等于

关系运算用于比较两个数的大小,用关系运算符将两个表达式连接起来形成的式子称为关系表达式.关系表达式通常作为判别条件构造分支或循环程序.

关系表达式的一般形式如下:

　　　表达式1　关系运算符　表达式2

关系运算的结果为逻辑量,成立为真(1),不成立为假(0).其结果可以作为一个逻辑量参与逻辑运算.例如,5 > 3,结果为真(1);而 10 == 100,结果为假(0).

注意:关系运算符等于是由两个" = "组成的.

四、逻辑运算符

C51 有 3 种逻辑运算符:

- || 逻辑或
- && 逻辑与
- ! 逻辑非

逻辑运算符用于求条件式的逻辑值,用逻辑运算符将关系表达式或逻辑量连接起来的式子就是逻辑表达式.

逻辑与的格式:

　　　条件式1 && 条件式2

当条件式1与条件式2都为真时结果为真(非 0 值),否则为假(0 值).

逻辑或的格式:

　　　条件式1 || 条件式2

当条件式1与条件式2都为假时结果为假(0 值),否则为真(非 0 值).

逻辑非的格式:

　　　! 条件式

当条件式原来为真(非 0 值)时,逻辑非后结果为假(0 值);当条件式原来为假(0 值)时,逻辑非后结果为真(非 0 值).

例如,若 a = 8,b = 3,c = 0,则!a 为假,a || b 为真,b && c 为假.

五、位运算符

C51 语言能对运算对象按位进行操作,它与汇编语言使用一样方便.位运算是按位对变量进行运算的,但并不改变参与运算的变量的值.如果要求按位改变变量的值,则要利用相应的赋值运算.C51 中位运算符只能对整数进行操作,不能对浮点数进行操作.C51 中的位运算符有:

- & 按位与
- | 按位或
- ^ 按位异或

- ~　　按位取反
- <<　　左移
- >>　　右移

例如,设 a = 0x54 = 01010100B,b = 0x3b = 00111011B,则

a&b	= 00010000B	= 0x10
a|b	= 01111111B	= 0x7f
a^b	= 01101111B	= 0x6f
~ a	= 10101011B	= 0xab
a << 2	= 01010000B	= 0x50
b >> 2	= 00001110B	= 0x0e

六、复合赋值运算符

C51 语言中支持在赋值运算符" = "的前面加上其他运算符,组成复合赋值运算符.C51 支持的复合赋值运算符如下:

- +=　　加法赋值
- -=　　减法赋值
- *=　　乘法赋值
- /=　　除法赋值
- %=　　取模赋值
- &=　　逻辑与赋值
- |=　　逻辑或赋值
- ^ =　　逻辑异或赋值
- ~=　　逻辑非赋值
- >>=　　右移位赋值
- <<=　　左移位赋值

复合赋值运算的一般格式如下:

变量　复合运算赋值符　表达式

它的处理过程是:先把变量与后面的表达式进行某种运算,然后将运算的结果赋给前面的变量.其实这是 C51 语言中简化程序的一种方法,大多数二目运算都可以用复合赋值运算符简化表示.例如,a + = 6 相当于 a = a + 6;a * = 5 相当于 a = a * 5;b& = 0x55 相当于 b = b&0x55;x >>= 2 相当于 x = x >> 2.

七、逗号运算符

在 C51 语言中,逗号","是一个特殊的运算符,可以用它将两个或两个以上的表达式连接起来,成为逗号表达式.逗号表达式的一般格式为

表达式 1,表达式 2,…,表达式 n

程序执行时,按从左至右的顺序依次计算出各个表达式的值,而整个逗号表达式的值是最右边的表达式(表达式 n)的值.例如,x = (a = 3,6 * 3),结果 x 的值为 18.

八、条件运算符

条件运算符"?："是 C51 语言中唯一的一个三目运算符,它要求有三个运算对象,用它可以将三个表达式连接在一起构成一个条件表达式.条件表达式的一般格式为

逻辑表达式? 表达式 1：表达式 2

其功能是先计算逻辑表达式的值,当逻辑表达式的值为真(非 0 值)时,将计算的表达式 1 的值作为整个条件表达式的值;当逻辑表达式的值为假(0 值)时,将计算的表达式 2 的值作为整个条件表达式的值.例如,条件表达式 max = (a > b)? a：b 的执行结果是将 a 和 b 中较大的数赋值给变量 max.

九、指针与地址运算符

指针是 C51 语言中的一个十分重要的概念,在 C51 中的数据类型中专门有一种指针类型.指针为变量的访问提供了另一种方式,变量的指针就是该变量的地址,还可以定义一个专门指向某个变量的地址的指针变量.为了表示指针变量和它所指向的变量地址之间的关系,C51 中提供了两个专门的运算符:

- ∗   指针运算符
- &   取地址运算符

指针运算符"∗"放在指针变量前面,通过它实现访问以指针变量的内容为地址的存储单元.例如,指针变量 p 中的地址为 2000H,则 ∗ p 所访问的是地址为 2000H 的存储单元,x = ∗p 实现把地址为 2000H 的存储单元的内容送给变量 x.

取地址运算符"&"放在变量的前面,通过它取得变量的地址,变量的地址通常送给指针变量.例如,设变量 x 的内容为 12H,地址为 2000H,则 &x 的值为 2000H,如有一指针变量 p,则通常用 p = &x 实现将 x 变量的地址送给指针变量 p,指针变量 p 指向变量 x,以后可以通过 ∗ p 访问变量 x.

5.4   C51 流程控制语句

一、if语句

if 语句是 C51 中的一个基本条件选择语句,它通常有三种格式:

- if(表达式) {语句;}
- if(表达式) {语句 1;}   else   {语句 2;}
- if(表达式 1)   {语句 1;}

  else   if(表达式 2)   {语句 2;}

  else   if(表达式 3)   {语句 3;}

  ……

  else   if(表达式 n − 1)   {语句 n − 1;}

  else   {语句 n;}

二、switch/case语句

if 语句通过嵌套可以实现多分支结构,但结构较复杂. switch 是 C51 中提供的专门处理多分支结构的多分支选择语句. 它的格式如下:

```
switch(表达式)
{   case    常量表达式1:      {语句1;}      break;
    case    常量表达式2:      {语句2;}      break;
    ……
    case    常量表达式n:      {语句n;}      break;
    default:                  {语句n+1;}
}
```

说明如下:

1. switch 后面括号内的表达式,可以是整型或字符型表达式.

2. 当该表达式的值与某一"case"后面的常量表达式的值相等时,就执行该"case"后面的语句,然后遇到 break 语句,退出 switch 语句. 若表达式的值与所有 case 后的常量表达式的值都不相同,则执行 default 后面的语句,然后退出 switch 结构.

3. 每一个 case 常量表达式的值必须不同,否则会出现自相矛盾的现象.

三、while语句

while 语句在 C51 中用于实现当型循环结构,它的格式如下:

```
while(表达式)
    {语句;}      //循环体
```

while 语句中的表达式是能否循环的条件,后面的语句是循环体. 当表达式为非 0(真)时,就重复执行循环体内的语句;当表达式为 0(假)时,则中止 while 循环,程序将执行循环结构之外的下一条语句. 它的特点是: 先判断条件,后执行循环体. 在循环体中对条件进行改变,然后再判断条件,如条件成立,则再执行循环体;如条件不成立,则退出循环. 如条件第一次就不成立,则循环体一次也不执行.

注意:

1. while 语句中的表达式一般是关系表达式或逻辑表达式,只要表达式的值为真(非 0),即可继续循环.

2. 循环体如包括一个以上的语句,则必须用{}括起来,组成复合语句.

四、do-while语句

do-while 语句在 C51 中用于实现直到型循环结构,它的格式如下:

```
do
    {语句;}      //循环体
while(表达式);
```

它的特点是先执行循环体中的语句,后判断表达式. 如表达式成立(真),则执行循环体,然后又判断,直到有表达式不成立(假)时,退出循环,执行 do-while 结构的下一条语句. do-while 语句在执行时,循环体内的语句至少会被执行一次.

五、for语句

在 C 语言中,for 语句使用最为灵活,它完全可以取代 while 语句. 它的格式如下:

  for(表达式 1;表达式 2;表达式 3)

   { 语句; }   // 循环体

它的执行过程如下:

1. 先求解表达式 1 的值.

2. 求解表达式 2 的值,如表达式 2 的值为真,则执行循环体中的语句,然后执行第 3 步的操作;如表达式 2 的值为假,则结束 for 循环.

3. 求解表达式 3,然后转到第 2 步.

在 for 循环中,一般表达式 1 为初值表达式,用于给循环变量赋初值;表达式 2 为条件表达式,对循环变量进行判断;表达式 3 为循环变量更新表达式,用于对循环变量的值进行更新,当循环变量不满足条件时退出循环.

六、break和continue语句

break 和 continue 语句通常用于循环结构中,用来跳出循环结构.

1. break 语句.

前面已介绍过用 break 语句可以跳出 switch 结构,使程序继续执行 switch 结构后面的一个语句. 使用 break 语句还可以从循环体中跳出循环,提前结束循环而接着执行循环结构下面的语句. 它不能用在除了循环语句和 switch 语句之外的其他任何语句中.

例如,下面一段程序用来计算圆的面积,当面积大于 100 时,由 break 语句跳出循环.

  for(r = 1;r <= 10;r + +)

   {

    area = pi * r * r;

    if(area > 100) break;

    printf("% f\n",area);

   }

2. continue 语句.

continue 语句用在循环结构中,用于结束本次循环,跳过循环体中 continue 下面尚未执行的语句,直接进行下一次是否执行循环的判定.

continue 语句和 break 语句的区别在于: continue 语句只是结束本次循环而不是终止整个循环;break 语句则是结束循环,不再进行条件判断.

例如,下面一段程序用来输出 100 ~ 200 间不能被 3 整除的数.

  for(i = 100;i <= 200;i + +)

   {

    if(i% 3 = = 0) continue;

```
    printf("% d",i);
}
```

在程序中,当 i 能被 3 整除时,执行 continue 语句,结束本次循环,跳过 printf( ) 函数.只有 i 不能被 3 整除时,才执行 printf( ) 函数.

七、return语句

return 语句一般放在函数的最后,用于终止函数的执行,并控制程序返回到原来调用该函数时所在的位置.return 语句格式有两种:

- return;
- return(表达式);

如果 return 语句中带有表达式,则将表达式的值作为函数的返回值;若不带表达式,则函数返回时将返回一个不确定的值.

5.5　C51 构造数据类型

一、数组

1. 一维数组.

一维数组只有一个下标,定义的形式如下:

数据类型说明符　数组名[常量表达式][= {初值 1,初值 2,…}];

各部分说明如下:

(1)"数据类型说明符"说明了数组中各个元素的数据类型.

(2)"数组名"是整个数组的标识符,它的取名方法与变量的取名方法相同.

(3)"常量表达式"取值须为整型常量,必须用方括号"[ ]"括起来.用于说明该数组的长度,即该数组元素的个数.

(4)"初值"用于给数组元素赋初值,这部分在数组定义时属于可选项.对数组元素赋值,可以在定义时赋值,也可以在定义之后赋值.在定义时赋值,后面须带等号,初值须用花括号括起来,两两初值之间用逗号间隔;可以对数组的全部元素赋值,也可以只对前面部分元素赋值,后面未被赋值的元素自动为 0.

例如,两个数组的定义如下:

　　unsigned　char　x[5];

　　unsigned　int　y[3] = {1,2,3};

第一句定义了一个无符号字符数组,数组名为 x,数组中的元素个数为 5.

第二句定义了一个无符号整型数组,数组名为 y,数组中元素个数为 3,定义的同时给数组中的三个元素赋初值,分别为 1、2、3.

需要注意的是,C51 语言中数组的下标是从 0 开始的,因此第二句定义的 3 个元素分别是 y[0]、y[1]、y[2],赋值情况为 y[0] = 1;y[1] = 2;y[2] = 3.

2. 字符数组.

用来存放字符数据的数组称为字符数组,它是 C 语言中常用的一种数组.字符数组中的每一个元素都用来存放一个字符,也可用字符数组来存放字符串.字符数组的定义与一般数组相同,只是把数据类型定义为 char 型.

例如:

```
char    string1[10];
char    string2[20];
```

以上定义了两个字符数组,分别定义了 10 个元素和 20 个元素.

在 C51 语言中,字符数组用于存放一组字符或字符串,字符串以"\0"作为结束符,只存放一般字符的字符数组的赋值与一般数组的赋值方法完全相同.对于存放字符串的字符数组,既可以对其元素逐个进行访问,也可以对整个数组按字符串的方式进行处理.

二、指针

指针是 C 语言中的一个重要概念.指针类型数据在 C 语言程序中使用十分普遍,正确地使用指针类型数据,可以有效地表示复杂的数据结构;可以动态地分配存储器,直接处理内存地址.

1. 指针的概念.

在汇编语言中,对内存单元数据的访问有两种方式,即直接寻址方式和间接寻址方式.直接寻址是通过在指令中直接给出数据所在单元的地址而访问该单元的数据.例如,"MOV   A,20H"在指令中直接给出所访问的内存单元地址 20H,把地址为 20H 的片内 RAM 单元的内容送累加器 A.间接寻址是指所操作的数据所在的内存单元地址不在指令中直接提供,该地址是存放在寄存器中的,指令中指明存放地址的寄存器,通过寄存器来访问相应存储单元中的数据.

在 C 语言中,可以通过地址方式来访问内存单元的数据,但 C 语言作为一种高级程序设计语言,数据通常是以变量的形式进行存放和访问的.对于变量,在一个程序中定义了一个变量,编译器在编译时就在内存中给这个变量分配一定的字节单元进行存储.例如,对整型变量(int)分配 2 个字节单元,对浮点型变量(float)分配 4 个字节单元,对字符型变量分配 1 个字节单元,等等.在使用变量时应分清两个概念,即变量名和变量的值.前一个是数据的标识,后一个是数据的内容.变量名相当于内存单元的地址,变量的值相当于内存单元的内容.对于内存单元的数据访问有两种方式,对于变量的访问也有两种方式,即直接访问方式和间接访问方式.

(1)直接访问方式.

对于变量的访问,大多数时候是直接给出变量名的.例如,printf("%d",a),直接给出变量 a 的变量名来输出变量 a 的内容.在执行时,根据变量名得到内存单元的地址,然后从内存单元中取出数据按指定的格式输出.

(2)间接访问方式.

要存取变量 a 中的值时,可以先将变量 a 的地址放在另一个变量 b 中,访问时先找到变量 b,从变量 b 中取出变量 a 的地址,然后根据这个地址从内存单元中取出变量 a 的值.在这里,从变量 b 中取出的不是所访问的数据,而是访问的数据(变量 a 的值)的地址,这就是指针,变量 b 称为指针变量.

关于指针,应注意两个基本概念,即变量的指针和指向变量的指针变量.变量的指针就是变量的地址.对于变量 a,如果它所对应的内存单元地址为 2000H,它的指针就是 2000H.指针变量是指一个专门用来存放另一个变量地址的变量,它的值是指针.以上变量 b 中存放的是变量 a 的地址,变量 b 中的值是变量 a 的指针,变量 b 就是一个指向变量 a 的指针变量.

2. 指针变量的定义.

指针变量的定义与一般变量的定义类似,定义的一般形式为

　　　　数据类型说明符　［存储器类型］　＊指针变量名;

其中,"数据类型说明符"说明了该指针变量所指向的变量的类型."存储器类型"是可选项,它是 C51 编译器的一种扩展.如果带有此选项,指针被定义为基于存储器的指针;无此选项时,被定义为一般指针,这两种指针的区别在于它们占的存储字节不同.

下面是几个指针变量定义的例子:

```
int     * p1;        // 定义一个指向整型变量的指针变量 p1
char    * p2;        // 定义一个指向字符型变量的指针变量 p2
char    data * p3;   // 指针 p3 访问的数据在片内数据存储器中,占一个字节
```

3. 指针变量的引用.

指针变量是存放另一变量地址的特殊变量,指针变量只能存放地址.使用指针变量时应注意两个运算符,即 & 和 ＊.这两个运算符在前面已经介绍过,其中,"&"是取地址运算符;"＊"是指针运算符.通过"&"取地址运算符可以把一个变量的地址送给指针变量,使指针变量指向该变量;通过"＊"指针运算符可以实现通过指针变量访问它所指向的变量的值.

例如:

```
int   x , * px , * py;   // 定义变量及指针变量
px = &x;                 // 将变量 x 的地址赋给指针变量 px,使 px 指向变量 x
* px = 5;                // 等价于 x = 5
py = px;                 // 将指针变量 px 中的地址赋给指针变量 py, py 也指向 x
```

5.6　C51 的函数

C 语言程序是由函数组成的,每个函数都是具有独立功能的模块.将一段经常需要使用的代码封装起来,在需要使用时直接调用,这形成了程序中的函数.

函数分为两大类:一是库函数,二是自定义函数.库函数是 C51 在文件中已定义的函数,其函数声明在相关的头文件中,用户用 include 将头文件包含在用户文件中,之后可以直接调用.自定义函数是用户自己定义、调用的一类函数.

任何一个 C 程序都有且仅有一个 main 函数,它是整个程序开始执行的入口.

例如:

```
void main( )
{
    // 主程序从这里开始执行
    // 其他语句
}
```

❀ 一、函数的定义

函数定义的一般格式如下：

函数类型　函数名（形式参数表）　［reentrant］［interrupt　m］［using　n］
{

　　　局部变量定义
　　　函数体
}

格式说明：

1. 函数类型说明了函数返回值的类型.

2. 函数名是用户为自定义函数取的名字，以便调用函数时使用.

3. 形式参数表用于列出在主调函数与被调用函数之间进行数据传递的参数.

4. reentrant 修饰符用于把函数定义为可重入函数. 所谓可重入函数，就是允许被递归调用的函数. 函数的递归调用是指当一个函数正被调用尚未返回时，又直接或间接调用函数本身. 一般的函数不能做到这样，只有重入函数才允许递归调用.

5. interrupt m 是 C51 函数中非常重要的一个修饰符，这是因为中断函数必须通过它进行修饰. 在 C51 程序设计中，若函数定义时用了 interrupt m 修饰符，系统编译时把对应函数转化为中断函数，自动加上程序头段和尾段，并按 MCS-51 系统中断的处理方式自动地把它安排在程序存储器中的相应位置.

在该修饰符中，中断类型号 m 的取值为 0~31，对应的中断情况如下：

　0　外部中断 0
　1　定时/计数器 T0
　2　外部中断 1
　3　定时/计数器 T1
　4　串行口中断
　5　定时/计数器 T2

其他值预留.

6. using n 修饰符用于指定本函数内部使用的工作寄存器组，其中 n 的取值为 0~3，表示寄存器组号.

对于 using n 修饰符的使用，要注意以下几点：

（1）加入 using n 后，C51 在编译时自动地在函数的开始处和结束处加入以下指令：

{

　　　PUSH　　PSW　　　；标志寄存器入栈
　　　MOV　　PSW,#　　；与寄存器组号相关的常量
　　　……
　　　POP　　PSW　　　；标志寄存器出栈
}

（2）using n 修饰符不能用于有返回值的函数，因为 C51 函数的返回值是放在寄存器中的. 如寄存器组改变了，返回值就会出错.

二、函数的调用与声明

1. 函数的调用.

函数调用的一般形式为

　　函数名(实参列表);

对于有参数的函数调用,若实参列表包含多个实参,则各个实参之间用逗号隔开. 按照函数调用在主调函数中出现的位置,函数调用方式有以下三种:

（1）函数语句. 把被调用函数作为主调用函数的一个语句.

（2）函数表达式. 函数被放在一个表达式中,以一个运算对象的方式出现. 这时的被调用函数要求带有返回语句,以返回一个明确的数值参加表达式的运算.

（3）函数参数. 被调用函数作为另一个函数的参数.

2. 自定义函数的声明.

函数的声明是把函数名字、函数类型及形参的类型、个数和顺序通知编译系统,以便调用函数时系统进行对照检查. 自定义函数必须先声明或者定义了,然后才能调用.

函数声明的一般形式为

　　[extern]　函数类型　函数名(形式参数表);

如果声明的函数在文件内部,则声明时不用 extern;如果声明的函数不在文件内部,而在另一个文件中,声明时须带 extern,指明使用的函数在另一个文件中. 函数声明的后面要加分号.

5.7　C51 程序设计举例

一个 C 语言源程序一般包括头文件、定义常量、定义变量、声明子函数、主函数、各个子函数、中断服务函数等部分,其中唯一的主函数 main( ) 是必不可少的.

例如,设 P1.0 引脚外接了一个发光二极管,如图 5-1 所示,编写 C51 程序,让 LED 每 100ms 切换一次亮灭状态. 程序源代码如下:

```
#include "reg52.h"
sbit   P1_0 = P1^0;
void   Delay100ms(void);
//主函数
void main()
{
    while(1)
    {
        P1_0 = ~ P1_0;
        Delay100ms();
    }
}
//延时子函数
```

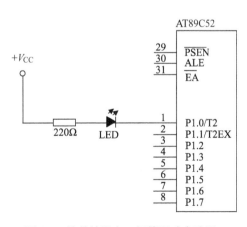

图 5-1　简单的发光二极管驱动电路图

```
void Delay100ms( )        //@12.000MHz
{
    unsigned char i, j;
    i = 195;
    j = 138;
    do
    {
        while( --j);
    } while( --i);
}
```

最后,介绍一些 C51 编程的注意事项:

1. 定义的变量不要太多. 低 128 位为用户定义变量的存放区域(默认时); 也可以把变量放在高 128 位,但容易出错,尽量少放,最好不放.

2. 如一个变量需多处使用,可定义为全局变量. 例如,循环变量 i、j,尽量减少参数传递.

3. 一些常数和表格之类的应该放到 code 中去以节省 RAM.

4. 应将变量定义为无符号数,像标志位等仅占一位的变量,应将其定义为 bit.

5. 子程序在 main( )主程序之后的应事先声明,放在前面的不用声明.

6. 变量、子程序定义但没使用的情况,系统会给出警告.

7. 虽然局部变量和全局变量不同名,但运行时局部变量可能被全局变量改变.

8. 当项目比较大时,最好分模块编程,一个模块一个程序,这样方便修改,也便于重用和阅读.

9. 每个文件的开头应该写明这个文件是哪个项目里的哪个模块,是在什么编译环境下编译的,编程者(/修改者)和编程日期. 值得注意的是,一定不要忘了编程日期,因为以后再看文件时,会知道大概是什么时候编写的,有些什么功能,并且可知道类似模块之间的差异.

10. 一个 C 源文件配置一个 h 头文件或者整个项目的 C 文件配置一个 h 头文件,并且使用#ifndef/#define/#endif 的宏来防止重复定义,方便各模块之间相互调用.

11. 一些常量(如圆周率 PI)或者常需要在调试时修改的参数最好用#define 定义,但要注意宏定义只是简单的替换,因此有些括号不可少.

12. 书写代码时要注意括号对齐,固定缩进,"{"和"}"各占一行,if、for、while、do 等语句各占一行,执行语句不得紧跟其后,无论执行语句多少都要加{},千万不要写成如下格式:

```
for( i = 0; i < 100; i ++ ) {fun1( ); fun2( );}
```

而应该写成:

```
for( i = 0; i < 100; i ++ )
{
    fun1( );
    fun2( );
}
```

13. 一行只实现一个功能,比如"a = 2; b = 3; c = 4;",宜写成三行.

14. 重要难懂的代码要写注释,每个函数、每个全局变量都要写注释,一些局部变量也要写注释. 注释写在代码的上方或者右方,千万不要写在下方.

15. 不管有没有无效分支,switch 函数一定要有 defaut 这个分支. 一来让阅读者知道程序员并没有遗忘 default,二来防止程序运行过程中出现意外.

16. 变量和函数的命名最好能做到望文生义,不要使用 x、y、z、a、sdrf 之类的名字.

17. 函数的参数和返回值没有的话,最好使用 void.

18. 指针是 C 语言的精华,但是在 C51 中少用为妙,一来有时反而要花费较多的空间,二来在对片外数据进行操作时会出错(可能是时序的问题).

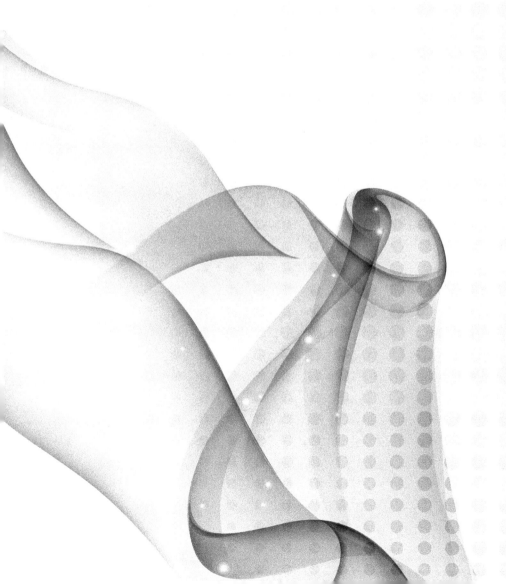

应 用 篇

第 6 章　信号检测与处理

在电子技术领域,信号检测是指对原始信号的传感、测量与数据采集.检测系统是传感器与测量仪表、变换装置等的有机组合.传感器检测系统通常包括传感器、数据处理及数据显示等几个环节.

传感器检测系统中的传感器是感受被测量的大小并输出相对应的可用输出信号的器件或装置.数据处理环节将传感器的输出信号进行处理和变换,如对信号进行放大、运算、滤波、线性化、数模(D/A)或模数(A/D)转换,转换成另一种参数信号或某种标准化的统一信号等,使其输出信号便于显示、记录,也可与计算机系统连接,以便对测量信号进行信息处理或用于系统的自动控制.数据显示环节将被测量信息变成人感官能接受的形式,以达到监视、控制或分析的目的.测量结果可以采用模拟显示,也可以采用数字显示,并可以由记录装置进行自动记录或由打印机将数据打印出来.测量的目的是希望通过测量获取被测量的真实值,但在实际测量过程中,由于种种原因,如传感器本身性能不理想、测量方法不完善、受外界干扰影响及人为的疏忽等,都会造成被测参数的测量值与真实值不一致,两者不一致程度用测量误差表示.

6.1　基于 PCF8591 的数字电压表

一、系统结构

电压检测系统由 AT89C52 单片微机、A/D 转换模块、数码显示模块组成,如图 6-1 所示.其中 A/D 转换模块采用的是 IIC 接口的 PCF8591,可以将 0~5V 电压转换成 8 位二进制数.数码显示模块用来显示电压值,保留 2 位小数.

图 6-1　数字电压表硬件结构图

二、硬件电路

1. A/D 转换模块电路.

A/D、D/A 转换器 PCF8591 的接口电路如图 6-2 所示.PCF8591 是一个单片集成、单独供电、低功耗、8bit CMOS 数据获取器件.PCF8591 具有 4 个模拟输入、1 个模拟输出和 1 个串行 IIC 总线接口.PCF8591 的 3 个地址引脚 A0、A1 和 A2 可用于硬件地址编程,允许在同一个 IIC 总线上接入 8 个 PCF8591 器件,而不需要额外的硬件.在 PCF8591 器件上输入/输出

的地址、控制和数据信号都是通过双线双
向 IIC 总线以串行的方式进行传输的.

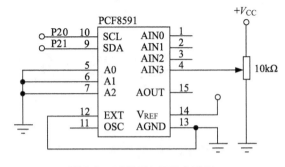

图 6-2　PCF8591 接口电路图

（1）PCF8591 的引脚功能.

● AIN0 ~ AIN3：4 通道模拟信号输入端.

● A0 ~ A2：引脚地址端.

● SDA、SCL：IIC 总线的数据线、时钟线.

● OSC：外部时钟输入端,内部时钟输出端.

● EXT：内部、外部时钟选择线,使用内部时钟时 EXT 接地.

● AGND：模拟地.

● AOUT：D/A 转换输出端.

● V_{REF}：基准电源端.

● V_{DD}、V_{SS}：电源端(2.5 ~ 6V).

（2）PCF8591 的地址.

IIC 总线系统中的每一片 PCF8591 通过发送有效地址到该器件来激活,该地址包括固定部分和可编程部分.可编程部分必须根据地址引脚 A0、A1 和 A2 来设置.在 IIC 总线协议中的地址必须以起始条件作为第一个字节发送.地址字节的最后一位 D0 是用于设置以后的数据的读/写控制位,如图 6-3 所示.

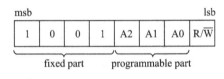

图 6-3　PCF8591 地址字节

（3）控制字(图 6-4).

发送到 PCF8591 的第二个字节将被存储在控制寄存器中,用于控制器件功能,控制寄存器的高半字节用于容许模拟输出,和将模拟输入编程为单端或差分输入.低半字节选择一个由高半字节定义的模拟输入通道.如果自动增量(auto-increment)标志置 1,每次 A/D 转换后通道号将自动增加.

图 6-4　PCF8591 控制字

控制字的功能如下：

● D1、D0：A/D 通道选择.00：通道 0;01：通道 1;10：通道 2;11：通道 3.

● D2：自动增量标志.1：启动自动增量.

● D5、D4：模拟输入方式设置.00：4 通道单端输入;01：3 路差分输入;10：单端、差分混合方式;11：2 路差分输入.

● D6：模拟输出允许位.1：允许模拟输出.

2. A/D 转换操作时序(图 6-5).

PCF8591 是逐次逼近 A/D 转换器,一旦向 PCF8591 发出读命令,即控制字最低位为 1,就启动 A/D 转换.

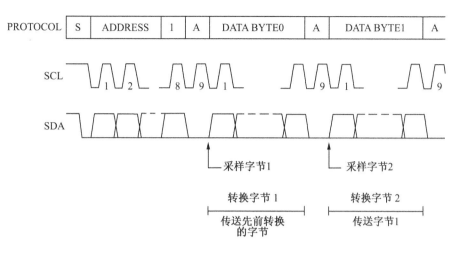

图 6-5　A/D 转换操作时序图

3. 主控模块电路.

这里采用 AT89C52 作为主控芯片进行仿真实验,如图 6-6 所示,其中 P0 口用来与显示器接口,P2.0、P2.1 用来连接 PCF8591 的时钟线 SCL、数据线 SDA. 通过软件模拟 IIC 的操作时序,实现对 PCF8591 的读/写.

图 6-6　AT89C52 引脚定义图

4. 显示模块.

显示接口如图 6-7 所示. 由于 P0 口是漏极开路的端口,所以须外接上拉电阻. 两个锁存器用来实现动态数码显示的段、位控制. P2.6 = 1、P2.7 = 0 时,P0 口输出的是段码;P2.6 = 0、P2.7 = 1 时,P0 口输出位选信号. 数码管选用的是共阳极,即 COM1 = 1、COM2 = 0、COM3 =

0、COM4 = 0 时,最左边的数码管会点亮.

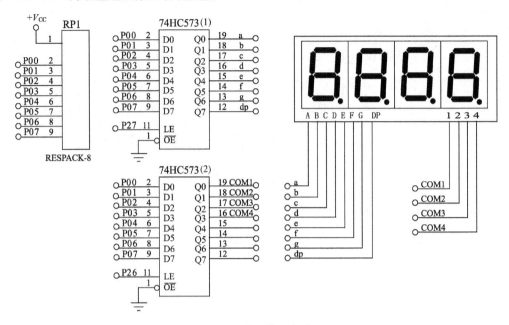

图 6-7　显示接口电路

🌸 三、软件流程图

如图 6-8 所示为主程序流程图,图 6-9 为定时器 0 中断服务程序流程图.

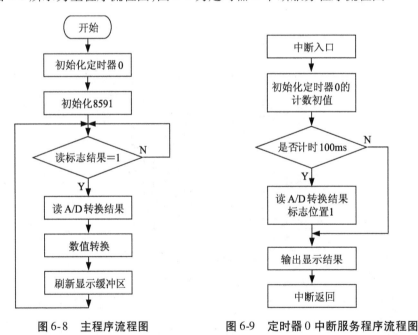

图 6-8　主程序流程图　　　　图 6-9　定时器 0 中断服务程序流程图

四、源代码

```c
//基于 PCF8591 的数字电压表源程序
#include "reg52. h"
#include "intrins. h"
#define    DELAY_TIME 5
code unsigned char tab[ ] = { 0xc0,0xf9,0xa4,0xb0,0x99,0x92,0x82,0xf8,0x80,
    0x90,0xff } ;
unsigned char dspbuf[4] = {10,0,0,0} ;
unsigned char dspcom = 0 ;
unsigned char intr ;
bit adc_flag ;                        //定义 ADC 的读标志
sbitP2_7 = P2^7 ;
sbitP2_6 = P2^6 ;
sbitscl = P2^0 ;                      //定义 IIC 接口引脚
sbitsda = P2^1 ;
void display( void ) ;
//延时 1μs
void i2c_delay( unsigned char i)
{
    do
    {
        _nop_( ) ;
    }
    while( i -- ) ;
}
//IIC 启动
void i2c_start( void )
{
    sda = 1 ;
    scl = 1 ;
    i2c_delay( DELAY_TIME) ;
    sda = 0 ;
    i2c_delay( DELAY_TIME) ;
    scl = 0 ;
}
//IIC 停止
void i2c_stop( void )
{
```

```
        sda = 0;
        scl = 1;
        i2c_delay(DELAY_TIME);
        sda = 1;
        i2c_delay(DELAY_TIME);
}
//写 IIC,写一个字节
void i2c_sendbyte(unsigned char byt)
{
    unsigned char i;
    EA = 0;
    for(i = 0; i < 8; i ++)
    {
        scl = 0;
        i2c_delay(DELAY_TIME);
        if(byt& 0x80)
        {
            sda = 1;
        }
        else
        {
            sda = 0;
        }
        i2c_delay(DELAY_TIME);
        scl = 1;
        byt <<= 1;
        i2c_delay(DELAY_TIME);
    }
    EA = 1;
    scl = 0;
}
//等待应答
unsigned char i2c_waitack(void)
{
    unsigned char ackbit;
    scl = 1;
    i2c_delay(DELAY_TIME);
    ackbit = sda;
    scl = 0;
```

```
    i2c_delay(DELAY_TIME);
    returnackbit;
}
//读 IIC,读一个字节
unsigned char i2c_receivebyte(void)
{
    unsigned char da;
    unsigned char i;
    EA = 0;
    for(i = 0;i < 8;i ++ )
    {
        scl = 1;
        i2c_delay(DELAY_TIME);
        da <<= 1;
        if(sda)
            da | = 0x01;
        scl = 0;
        i2c_delay(DELAY_TIME);
    }
    EA = 1;
    return da;
}
//发送"非应答"
void i2c_sendack(bit ack)
{
    sda = ack;
    scl = 1;
    i2c_delay(DELAY_TIME);
    scl = 0;
    i2c_delay(DELAY_TIME);
}
//延时
void operate_delay(unsigned char t)
{
    unsigned char i;
    while(t -- )
    {
        for(i = 0; i < 112; i ++ );
    }
```

```c
}
// 对 PCF8591 的一个通道初始化
void init_pcf8591(unsigned char channel)
{
    i2c_start();                        // 启动 IIC
    i2c_sendbyte(0x90);                 // 写设备地址
    i2c_waitack();                      // 等待应答
    i2c_sendbyte(channel);              // 写通道号
    i2c_waitack();                      // 等待应答
    i2c_stop();                         // IIC 停止
    operate_delay(10);                  // 延时
}
// 启动 A/D 转换,读 A/D 转换结果
unsigned char adc_pcf8591(void)
{
    unsigned char temp;
    i2c_start();
    i2c_sendbyte(0x91);                 // 写设备地址,发出读命令
    i2c_waitack();                      // 等待应答
    temp = i2c_receivebyte();           // 读 PCF8591
    i2c_sendack(1);                     // 发送"非应答"信号
    i2c_stop();
    return temp;
}
// 定时器初始化程序,定时 2ms,作为数码管的刷新时间
void init_TIMER0(void)
{
    TMOD | = 0x01;
    TH0 = (65536 - 2000)/256;
    TL0 = (65536 - 2000)%256;
    EA = 1;
    ET0 = 1;
    TR0 = 1;
}
// 主函数
void main(void)
{
    unsigned char adc_value;
    unsigned int v_value;
```

```
    init_TIMER0();                      //初始化定时器
    init_pcf8591(0x03);                 //初始化 PCF8591 的通道 3
    while(1)
    {
        if(adc_flag)
        {
            adc_flag = 0;
            adc_value = adc_pcf8591();
            v_value = adc_value * 100/51;
            dspbuf[1] = v_value/100;
            dspbuf[2] = v_value%100/10;
            dspbuf[3] = v_value%10;
        }
    }
}
//定时器 0 的中断服务程序
void isr_timer_0(void) interrupt 1
{
    TH0 = (65536 - 2000)/256;
    TL0 = (65536 - 2000)%256;
    if(++intr == 50)
    {
        intr = 0;
        adc_flag = 1;
    }
    display();
}
//数码显示程序
void display(void)
{
    P2_6 = 1; P2_7 = 0;
    P0 = 0xff;                          //关显示
    P2_6 = 0; P2_7 = 0;
    P2_6 = 0; P2_7 = 1;                 //使能位控制锁存器 2
    P0 = (1 << dspcom);                 //位选左移 dspcom 位,选通一个数码管
    P2_6 = 1; P2_7 = 0;                 //使能段控制锁存器 1
    P0 = tab[dspbuf[dspcom]];           //输出段码
    if(dspcom == 1)                     //显示小数点
        P0 = P0&0x7f;
```

```
        P2_6 = 0;P2_7 = 0;
        if( + + dspcom = = 4)                //4 位全部显示完,dspcom 清零
        {
            dspcom = 0;
        }
    }
```

6.2 基于 DS18B20 的温度检测

一、系统结构

温度检测系统由 AT89C52 单片微机、温度采集模块、数码显示模块组成,如图 6-10 所示.其中温度传感器采用的是 1-wire 接口的 DS18B20,它可以将温度转换成 8 位二进制数.数码显示模块用来显示温度值.

图 6-10　温度检测硬件结构图

二、硬件电路

硬件电路中,数码显示接口电路与上一节相同,如图 6-7 所示.温度采集电路采用了数字温度传感器 DS18B20.

数字温度传感器 DS18B20 采用的是 1-wire 接口,如图 6-11(a)所示,所以接口很简单.与单片微机的接口电路如图 6-11(b)所示.

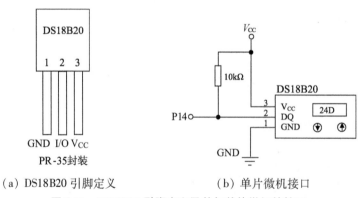

（a）DS18B20 引脚定义　　　　　（b）单片微机接口

图 6-11　DS18B20 引脚定义及其与单片微机的接口

1. DS18B20 技术性能描述.
- 独特的 1-wire 总线接口仅需一个管脚来通信.
- 每个设备的内部 ROM 上都烧写了一个独一无二的 64 位序列号.
- 多路采集能力使得分布式温度采集应用更加简单.

- 在使用中不需要任何外围元件.
- 工作电源：3 ~ 5.5V（可以由数据线供电）.
- 测温范围：−55℃ ~ +125℃.
- 温度处于−10℃ ~ 85℃之外时具有±0.5℃的精度.
- 温度采集精度可以由用户自定义为 9 ~ 12bits.
- 温度转换时间在转换精度为 12bits 时最长为 750ms.
- 用户自定义非易失性的温度报警设置.
- 可选择的 8-Pin SO（150mils）、8-Pin μSOP 及 3-Pin TO-92 封装.
- 应用于温度控制系统、工业系统、民用产品、温度传感器或任何温度检测系统中.

2. TO-92 管脚描述.

- V_{CC}：可选的 V_{CC} 引脚. 工作于寄生电源模式时，V_{CC} 必须接地.
- DQ：数据输入/输出引脚. 对于单线操作，漏极开路. 当工作于寄生电源模式时，用来提供电源.
- GND：接地.

3. DS18B20 结构.

图 6-12 为 DS18B20 的内部结构框图. 内部 64 位的 ROM 存储其独一无二的序列号. 暂存存储器（scratchpad memory）包含了存储有数字温度结果的 2 个字节宽度的温度寄存器. 另外，暂存存储器还提供了一个字节的过温和低温（TH 和 TL）温度报警寄存器和一个字节的配置寄存器. 配置寄存器允许用户自定义温度转换为 9、10、11、12 位精度. 过温和低温（TH 和 TL）温度报警寄存器是非易失性的（EEPROM），所以它可以在设备断电的情况下保存数据.

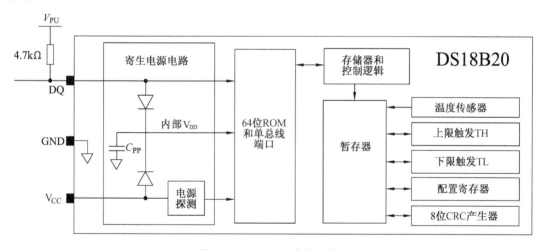

图 6-12 DS18B20 内部结构图

DS18B20 采用 Maxim 公司专有的 1-wire 总线协议，该总线协议仅需一个控制信号以进行通信. 由于设备是通过三态或者开漏端口（在 DS18B20 上是 DQ 端）连接到该总线上的，因此控制信号线需要一个唤醒的上拉电阻. 在该总线系统中，微控制器（主设备）通过每个设备的 64 位序列号来识别该总线上的设备. 因为每个设备都有一个独一无二的序列号，挂在一个总线上的设备理论上可以有无限多个.

DS18B20 的另外一个特性就是不需要外部电源供电. 当数据线 DQ 为高的时候由其为设备供电. 总线拉高的时候为内部电容(C_{PP})充电, 当总线拉低时由该电容向设备供电. 这种由 1-wire 总线为设备供电的方式称为"寄生电源". 此外, DS18B20 也可以由外部电源通过 V_{CC} 供电.

4. DS18B20 的操作时序.

（1）初始化时序（图 6-13）.

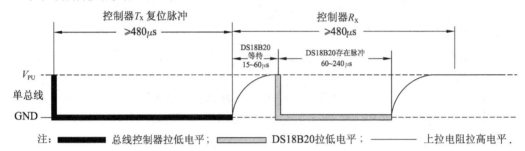

图 6-13　初始化时序图

（2）读/写操作时序（图 6-14）.

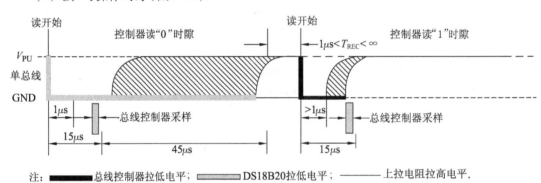

（a）数据读取时通信总线的时序图

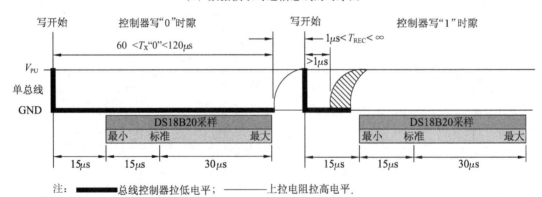

（b）数据写入时通信总线的时序图

图 6-14　读/写操作时序图

5. 寄存器格式.

（1）DS18B20 内部寄存器结构（图 6-15）.

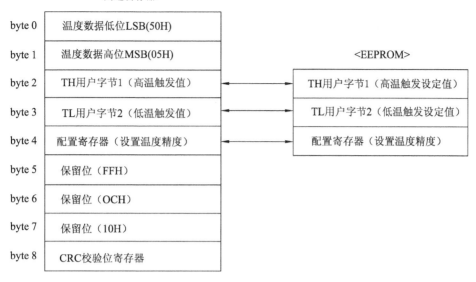

图 6-15　DS18B20 内部寄存器结构图

（2）配置寄存器（图 6-16、表 6-1）.

bit 7	bit 6	bit 5	bit 4	bit 3	bit 2	bit 1	bit 0
0	R1	R0	1	1	1	1	1

图 6-16　配置寄存器格式

表 6-1　温度转换精度配置表

R1	R0	结果/位	最大转换时间	
0	0	9	93.75ms	$(t_{CONV}/8)$
0	1	10	187.5ms	$(t_{CONV}/4)$
1	0	11	375ms	$(t_{CONV}/2)$
1	1	12	750ms	(t_{CONV})

（3）温度寄存器（图 6-17、表 6-2）.

	bit 7	bit 6	bit 5	bit 4	bit 3	bit 2	bit 1	bit 0
LS BYTE	2^3	2^2	2^1	2^0	2^{-1}	2^{-2}	2^{-3}	2^{-4}

	bit 15	bit 14	bit 13	bit 12	bit 11	bit 10	bit 9	bit 8
MS BYTE	S	S	S	S	S	2^6	2^5	2^4

注：S 表示符号位.

图 6-17　温度寄存器格式

表 6-2　温度/数据关系表

温度/℃	数字输出（二进制）	数字输出（十六进制）
+125	0000 0111 1101 0000	07D0H
+85	0000 0101 0101 0000	0550H

温度/℃	数字输出（二进制）	数字输出（十六进制）
+25.0625	0000 0001 1001 0001	0191H
+10.125	0000 0000 1010 0010	00A2H
+0.5	0000 0000 0000 1000	0008H
0	0000 0000 0000 0000	0000H
-0.5	1111 1111 1111 1000	FFF8H
-10.125	1111 1111 0101 1110	FF5EH
-25.0625	1111 1110 0110 1111	FE6FH
-55	1111 1100 1001 0000	FC90H

注：上电复位后温度寄存器的初值是 +85℃。

（4）高温、低温报警寄存器（图 6-18）。

bit 7	bit 6	bit 5	bit 4	bit 3	bit 2	bit 1	bit 0
S	2^6	2^5	2^4	2^3	2^2	2^1	2^0

注：S 表示符号位。

图 6-18　高温寄存器 TH 和低温寄存器 TL 格式

6. 操作协议流程。

每次访问 DS18B20，必须遵循固定顺序"复位→ROM 命令→功能命令"，否则，DS18B20 不会响应。但是，如果主机发送搜索 ROM（F0H）或者报警搜索（ECH）指令，则必须返回到复位。表 6-3 列出了 DS18B20 的 ROM 指令和功能指令，操作协议流程如下：

（1）复位。首先必须对 DS18B20 芯片进行复位，复位就是由控制器（单片微机）给 DS18B20 单总线至少 480μs 的低电平信号。当 DS18B20 接到此复位信号，会在 15～60μs 后回发一个芯片的存在脉冲。

（2）存在脉冲。在复位电平结束之后，控制器应该将数据单总线拉高，以便于在 15～60μs 后接收存在脉冲，存在脉冲为一个 60～240μs 的低电平信号。至此，通信双方已经达成了基本的协议，接下来将会是控制器与 DS18B20 间的数据通信。如果复位低电平的时间不足或是单总线的电路断路都不会接到存在脉冲，在设计时要注意意外情况的处理。

（3）控制器发送 ROM 指令。双方打完了招呼之后将进行交流，ROM 指令共有 5 条，每一个工作周期只能发一条，ROM 指令可以实现的功能分别是读 ROM 数据、指定匹配芯片、跳跃 ROM、芯片搜索、报警芯片搜索。ROM 指令为 8 位长度，功能是对片内的 64 位光刻 ROM 进行操作。其主要目的是分辨一条总线上挂接的多个器件并做处理。单总线上可以同时挂接多个器件，并通过每个器件上独有的 ID 号来区别；一般只挂接单个 DS18B20 芯片，可以跳过 ROM 指令（注意：此处指的跳过 ROM 指令并非不发送 ROM 指令，而是使用一条特有的"跳过指令"）。

（4）控制器发送功能指令。在 ROM 指令发送给 DS18B20 之后，紧接着（不间断）就发送功能指令。功能指令同样是 8 位，共 6 条，功能指令可以实现的功能分别是写 RAM 数据、读 RAM 数据、将 RAM 数据复制到 EEPROM、温度转换、将 EEPROM 中的报警值复制到 RAM、工作方式切换。功能指令的功能是命令 DS18B20 做什么样的工作，是芯片控制的关键。

表 6-3　ROM 指令和功能指令表

指令类型	指令	功能	详细描述
ROM 指令	[F0H]	搜索 ROM 指令	当系统初始化时,总线控制器通过此指令多次循环搜索 ROM 编码,以确认所有从机器件
	[33H]	读取 ROM 指令	当总线上只有一只 DS18B20 时才会使用此指令,允许总线控制器直接读取从机的序列码
	[55H]	匹配 ROM 指令	匹配 ROM 指令,使总线控制器在多点总线上定位一只特定的 DS18B20
	[CCH]	忽略 ROM 指令	忽略 ROM 指令,此指令允许总线控制器不必提供 64 位 ROM 编码就使用功能指令
	[ECH]	报警搜索指令	当总线上存在满足报警条件的从机时,该从机将响应此指令
功能指令	[44H]	温度转换指令	此条指令用来控制 DS18B20 启动一次温度转换,生成的温度数据以 2 字节的形式存储在高速暂存器中
	[4EH]	写暂存器指令	此指令向 DS18B20 的暂存器写入数据,开始位置在暂存器第 2 字节(TH 寄存器),以最低有效位开始传送
	[BEH]	读暂存器指令	此指令用来读取 DS18B20 暂存器数据,读取将从字节 0 开始,直到第 9 字节(CRC 校验位)读完
	[48H]	拷贝暂存器指令	此指令将 TH、TL 和配置寄存器的数据拷贝到 EEPROM 中得以保存
	[B8H]	召回 EEPROM 指令	将 TH、TL 及配置寄存器中的数据从 EEPROM 拷贝到暂存器
	[B4H]	读电源模式指令	总线控制器在发出此指令后启动读时隙,若为寄生电源模式,DS18B20 将拉低总线;若为外部电源模式,则将总线拉高,用以判断 DS18B20 的电源模式

（5）执行或数据读写.一个存储器操作指令结束后则执行指令或读写数据,这个操作要视存储器操作指令而定.若执行温度转换指令,则控制器(单片微机)必须等待 DS18B20 执行其指令,一般转换时间为 500μs.如执行数据读写指令,则需要严格遵循 DS18B20 的读写时序来操作.数据的读写方法下文将有详细介绍.若要读出当前的温度数据,我们需要执行两次工作周期,第一个周期为复位、跳过 ROM 指令、执行温度转换存储器操作指令、等待 500μs 温度转换时间.紧接着执行的第二个周期,即复位、跳过 ROM 指令、执行读 RAM 的存储器操作指令、读数据(最多为 9 个字节,中途可停止,只读简单温度值,则读前 2 个字节即可).

三、DS18B20芯片的工作原理

DS18B20 启动后将进入低功耗等待状态,当需要执行温度测量和 A/D 转换时,总线控制器(多为单片微机)发出[44H]指令,完成温度测量和 A/D 转换,DS18B20 将产生的温度数据以两个字节的形式存储到高速暂存器的温度寄存器中,然后,DS18B20 继续保持等待状态.当 DS18B20 芯片由外部电源供电时,总线控制器在温度转换指令之后发起“读时隙”(图 6-14),从而读出测量到的温度数据,通过总线完成与单片微机的数据通信(DS18B20 正在温度转换中由 DQ 引脚返回 0,转换结束则返回 1;如果 DS18B20 由寄生电源供电,除非在进入温度转换时总线被一个强上拉拉高,否则将不会有返回值).

另外,DS18B20 在完成一次温度转换后,会将温度值与存储在高温寄存器 TH 和低温寄存器 TL 中的各一个字节的用户自定义的报警阈值进行比较,寄存器中的 S 标志位指出温度值的正负(S = 0 时为正,S = 1 时为负).如果测得的温度高于 TH 或者低于 TL 数值,报警条件成立,DS18B20 内部将对一个报警标识置位,此时,总线控制器通过发出报警搜索命令[ECH]检测总线上所有的 DS18B20 报警标识,然后,对报警标识置位的 DS18B20 将响应这条搜索命令.

❋ 四、软件流程图

如图 6-19 所示为温度测量主程序流程图.

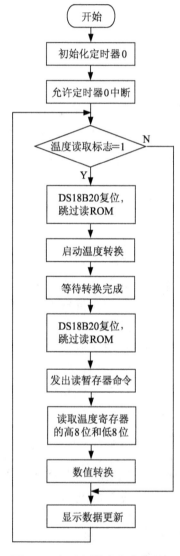

图 6-19 温度测量主程序流程图

五、源代码

```
#include "REG52. H"
#include "INTRINS. H"
typedef unsigned char BYTE;
unsigned char dspbuf[4] = {10,0,0,0};                //显示缓冲区
unsigned char dspcom = 0;
unsigned int intr;
bit temper_flag = 0;                                 //温度读取标志
 code unsigned char tab[] = {0xc0,0xf9,0xa4,0xb0,0x99,0x92,0x82,0xf8,0x80,
    0x90,0xff,0xc6};
sbit    DQ = P1^4;                                   //DS18B20 的数据端口位 P1.4
BYTE    TPH;                                         //存放温度值的高字节
BYTE    TPL;                                         //存放温度值的低字节
sbit    P2_7 = P2^7;
sbit    P2_6 = P2^6;
void    DelayXus(BYTE n);
void    DS18B20_Reset();
void    DS18B20_WriteByte(BYTE dat);
BYTE    DS18B20_ReadByte();
void display(void);
// 主函数
void main()
{
    unsigned char temperature;
    TMOD |= 0x01;                                    //配置定时器 0 工作模式
    TH0 = (65536 - 2000)/256;
    TL0 = (65536 - 2000)%256;
    EA = 1;
    ET0 = 1;                                         //打开定时器中断
    TR0 = 1;                                         //启动定时器
    while(1)
    {
        if(temper_flag)
        {
            temper_flag = 0;
            DS18B20_Reset();                         //设备复位
            DS18B20_WriteByte(0xCC);                 //跳过 ROM 命令
            DS18B20_WriteByte(0x44);                 //开始转换命令
```

```
            while (! DQ);                          //等待转换完成
            DS18B20_Reset();                       //设备复位
            DS18B20_WriteByte(0xCC);               //跳过 ROM 命令
            DS18B20_WriteByte(0xBE);               //读暂存存储器命令
            TPL = DS18B20_ReadByte();              //读温度低字节
            TPH = DS18B20_ReadByte();              //读温度高字节
            temperature = TPL >> 4;                //只显示整数温度
            temperature = temperature | (TPH << 4);
        }
        //显示数据更新
        dspbuf[1] = temperature/10;
        dspbuf[2] = temperature%10;
        dspbuf[3] = 11;                            //显示度符号
    }
}
//延时 X * 10μs(8051@12M)
void DelayXus(BYTE n)
{
    while(n − −)
    {
        _nop_();
        _nop_();
    }
}
//复位 DS18B20,并检测设备是否存在
void DS18B20_Reset()
{
    CY = 1;
    while(CY)
    {
        DQ = 0;                                    //送出低电平复位信号
        DelayXus(48);                              //至少延时 480μs
        DQ = 1;                                    //释放数据线
        DelayXus(6);                               //等待 60μs
        CY = DQ;                                   //检测存在脉冲
        DelayXus(42);                              //等待设备释放数据线
    }
}
//从 DS18B20 读 1 字节数据
```

```
BYTE DS18B20_ReadByte( )
{
    BYTE i;
    BYTE dat = 0;
    for( i = 0; i < 8; i + + )                    //8 位计数器
    {
        dat >> =  1;
        DQ = 0;                                  //开始时间片
        _nop_( );                                //延时等待
        _nop_( );
        DQ = 1;                                  //准备接收
        _nop_( );                                //接收延时
        _nop_( );
        if( DQ )  dat | =  0x80;                  //读取数据
        DelayXus( 6 );                           //等待时间片结束
    }
    returndat;
}
//向 DS18B20 写 1 字节数据
void DS18B20_WriteByte( BYTE dat )
{
    char i;
    for( i = 0; i < 8; i + + )                    //8 位计数器
    {
        DQ = 0;                                  //开始时间片
        _nop_( );                                //延时等待
        _nop_( );
        dat >> =  1;                             //送出数据
        DQ = CY;
        DelayXus( 6 );                           //等待时间片结束
        DQ = 1;                                  //恢复数据线
        _nop_( );                                //恢复延时
        _nop_( );
    }
}
//定时器中断服务函数
void isr_timer_0( void )    interrupt 1
{
    TH0 = ( 65536 - 2000 )/256;                  //定时器重载
```

单片微型计算机实验与实践

```
        TL0 = (65536 - 2000)%256;
        display();                              //2ms 显示 1 位
        if( + + intr = = 200)                   //400ms 温度读取标志位置 1
        {
            intr = 0;
            temper_flag = 1;
        }
    }
//显示函数
void display(void)
{
    P2_6 = 1;P2_7 = 0;
    P0 = 0xff;
    P2_6 = 0;P2_7 = 0;
    P2_6 = 0;P2_7 = 1;
    P0 = (1 << dspcom);
    P2_6 = 1;P2_7 = 0;
    P0 = tab[dspbuf[dspcom]];
    P2_6 = 0;P2_7 = 0;
    If( + + dspcom = = 4)
    {
        dspcom = 0;
    }
}
```

第 7 章　步进电机驱动接口

在单片微机应用系统中,为了驱动某些执行机构和设备,以期达到精确定位,常需要使用步进电机,因此,步进电机的功率驱动接口也是单片微机常用的接口.功率驱动接口电路实质上是能量转换电路.本章主要介绍常用的步进电机功率驱动接口.

7.1　步进电机驱动接口原理

步进电机是一种把电脉冲信号变换成角位移的执行元件,角位移量与脉冲数成正比,因此它的转速与脉冲频率成正比.在负载能力范围内,其性能不因电源电压、负载、环境条件的变化而变化,在宽广的范围内,能通过改变脉冲频率来调速,并能快速启动、反转与制动.所以步进电机是微机控制系统中一种十分重要的执行元件,在位置控制系统中有广泛的应用.

从结构形式上,步进电机可分为反应式步进电机、永磁式步进电机、混合式步进电机等多种类型.步进电机的运行性能与控制方式有密切的关系,按控制方式,步进电机控制系统可分为开环控制系统、闭环控制系统、半闭环控制系统三类.

❋ 一、步进电机的驱动方式

步进电机的驱动方式一般分为两种,即基本型和串阻型.

1. 基本型.

基本型驱动方式如图 7-1 所示,适用于步进电机绕组的阻抗较大,输入功率较小,低速运转的场合.这种驱动电路结构简单,运转稳定性好,但启动频率较低.

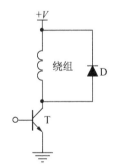
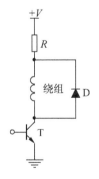

图 7-1　步进电机基本型驱动方式　　　图 7-2　步进电机串阻型驱动方式

2. 串阻型.

串阻型驱动电路如图 7-2 所示,适用于绕组阻抗小,输入功率较大,转速较高的场合.该电路的特点是启动频率较高.

二、步进电机驱动接口框图设计及驱动时序

由微型计算机实现对步进电机控制的原理如图 7-3 所示,它由微机、接口电路、驱动电路等组成.从微机输出口送出的步进电机驱动脉冲信号经接口电路锁存后送驱动电路驱动步进电机运行.

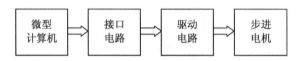

图 7-3 微机控制步进电机原理框图

系统设计主要应解决以下几个问题:

(1)用软件产生驱动步进电机的脉冲序列.

(2)步进电机启动频率及运行频率的确定.

(3)硬件接口电路的设计.

(4)驱动器元件的设计.

(5)保护电路的设计.

常用的步进电机有二相、三相、四相、五相等,其旋转方向与内部绕组的通电顺序有关.目前,使用较广泛的是二相混合式步进电机,该电机的基本步距角为 1.8°,可以实现半步驱动,步距角变为 0.9°,它特别适合于小型的微机控制系统.二相混合式步进电机按其引出接线方式又分为二相四线制和二相六线制,图 7-4(a)表示的是二相四线制内部连接方式,图 7-4(b)表示的是二相六线制内部连接方式.

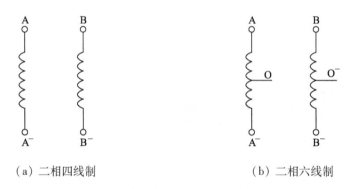

(a)二相四线制　　　　　　　　　　(b)二相六线制

图 7-4 二相四线制和二相六线制内部连接图

二相步进电机常用的工作方式有两种,即四拍和八拍.

1. 四拍方式通电顺序分为二相四线制和二相六线制两种.

(1)二相四线制四拍通电时序.

"1"代表接电源正极,"0"代表接电源负极.表 7-1 所示的驱动时序,每一拍仅有一相通电,驱动能力较弱.

表 7-1 二相四线制四拍运行一相通电

端口	拍								
	1	2	3	4	5	6	7	8	9
A	1	0	0	0	1	0	0	0	1
A⁻	0	0	1	0	0	0	1	0	0
B	0	1	0	0	0	1	0	0	0
B⁻	0	0	0	1	0	0	0	1	0

表 7-2 所示的驱动时序,每一拍两相通电,驱动能力较强.

表 7-2 二相四线制四拍运行两相通电

端口	拍								
	1	2	3	4	5	6	7	8	9
A	1	0	0	1	1	0	0	1	1
A⁻	0	1	1	0	0	1	1	0	0
B	1	1	0	0	1	1	0	0	1
B⁻	0	0	1	1	0	0	1	1	0

（2）二相六线制四拍通电时序.

表 7-3 所示的驱动时序,每一拍一相通电,驱动能力较弱."O"和"O⁻"端的"1"代表接电源正极;"A""A⁻""B""B⁻"端的"1"代表驱动时序输出为高电平,"0"代表驱动时序输出为低电平.

表 7-3 二相六线制四拍运行一相通电

端口	拍								
	1	2	3	4	5	6	7	8	9
A	0	1	1	1	0	1	1	1	0
A⁻	1	1	0	1	1	1	0	1	1
O	1	1	1	1	1	1	1	1	1
B	1	0	1	1	1	0	1	1	1
B⁻	1	1	1	0	1	1	1	0	1
O⁻	1	1	1	1	1	1	1	1	1

表 7-4 所示的驱动时序,每一拍两相通电,驱动能力较强.

表 7-4 二相六线制四拍运行两相通电

端口	拍								
	1	2	3	4	5	6	7	8	9
A	0	1	1	0	0	1	1	0	0
A⁻	1	0	0	1	1	0	0	1	1
O	1	1	1	1	1	1	1	1	1
B	0	0	1	1	0	0	1	1	0
B⁻	1	1	0	0	1	1	0	0	1
O⁻	1	1	1	1	1	1	1	1	1

2. 八拍方式通电顺序也分为二相四线制和二相六线制两种.

（1）二相四线制八拍通电时序.

"1"代表接电源正极，"0"代表接电源负极. 表 7-5 所示的驱动时序的特点是：1、3、5、7 拍仅一相通电，2、4、6、8 拍两相通电.

表 7-5　二相四线制八拍运行

端口	拍								
	1	2	3	4	5	6	7	8	9
A	1	1	0	0	0	0	0	1	1
A⁻	0	0	0	1	1	1	0	0	0
B	0	1	1	1	0	0	0	0	0
B⁻	0	0	0	0	0	1	1	1	0

（2）二相六线制八拍通电时序.

表 7-6 所示的驱动时序的特点同样是：1、3、5、7 拍仅一相通电，2、4、6、8 拍两相通电. "O"和"O⁻"端的"1"代表接电源正极；"A""A⁻""B""B⁻"端的"1"代表驱动时序输出为高电平，"0"代表驱动时序输出为低电平.

表 7-6　二相六线制八拍运行

端口	拍								
	1	2	3	4	5	6	7	8	9
A	0	0	1	1	1	1	1	0	0
A⁻	1	1	0	0	0	0	1	1	1
O	1	1	1	1	1	1	1	1	1
B	1	0	0	0	1	1	1	1	1
B⁻	1	1	1	1	1	0	0	0	0
O⁻	1	1	1	1	1	1	1	1	1

如果按上述通电顺序通电，步进电机正转；反之，则反转.

三、步进电机驱动硬件接口电路

现以四相步进电机 42BYGH003 型为例，介绍硬件接口电路和相应的软件驱动程序. 该电机工作电压 12V，每相工作电流 0.31A，直流电阻 38.5Ω，电感 18MH，步矩角 1.8°.

1. 二相六线制步进电机驱动硬件接口电路.

图 7-5 所示是 AT89C52 通过 P1 口外扩一片 74LS273，再经过 7407 进行电平转换，然后输出步进电机移位脉冲信号，驱动管采用 VMOS 管 VD40DT，续流二极管采用肖特基二极管 MBR640. 在 74LS273 的 CLR 端增加了一个上电复位电路，其功能是确保电路在接通电源时，四相绕组均不通电，以防止步进电机的负载发生位移.

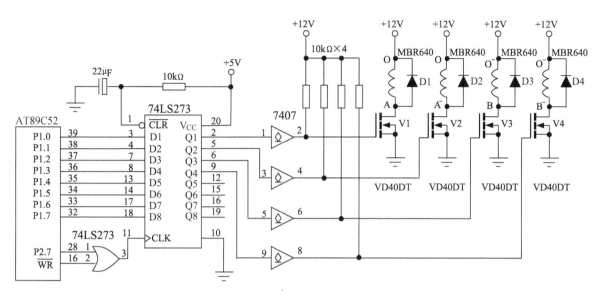

图 7-5　二相六线制步进电机驱动硬件接口电路

下面是步进电机采用单四拍运行时的程序.

```
#include < reg52. h >
code unsigned char step[4] = {0x11,0x22,0x44,0x88};
void delay(unsigned char i)          //延时函数
{
    unsigned char j,k;
    for(j = 0;j < i;j + + )
        for(k = 0;k < 110;k + + );
}
main( )
{
    unsigned char n,m;
    m = 30;                          //定义延时时间,时间越长,电机转速越慢
    while(1)
    {
        for(n = 0;n < 4;n + + )
        {
            P2^7 = 0;
            P3^5 = 0;
            P1 = step[n];
            P2^7 = 1;
            P3^5 = 1;
            delay(m);
        }
```

}

}

步进电机运行速度可以通过改变 DELAY 时间来改变,但必须注意步进电机空载启动频率和带载运行频率这两个参数.如果程序送出的移位脉冲频率超过了这两个参数,会引起步进电机运行失步,最终导致控制失败.

2. 二相四线制步进电机驱动硬件接口电路.

图 7-6 所示的是二相四线制步进电机 A 相的硬件接口驱动电路,B 相的硬件电路与 A 相的相同,通过光电耦合器 4N25 进行隔离,可以提高驱动电路的抗干扰性.

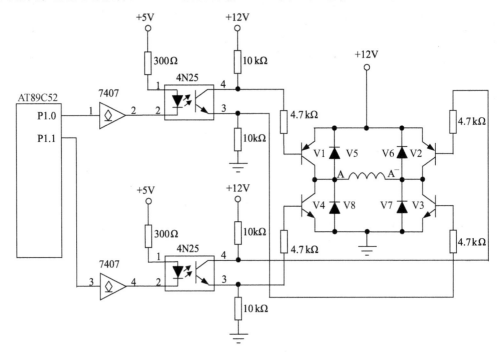

图 7-6 二相四线制步进电机驱动硬件接口电路

下面是二相四线制步进电机采用单四拍运行时的程序.

```
#include  < intrins. h >
unsigned char   n, y, z, s = 100, x = 0xee;
while ( s -- )
{
    y = P1;
    z = ( y&0xf0 )|( x&0x0f );
    P1 = z;
    x = _crol_( x,1 );
    delay( n );
}
```

7.2　步进电机细分驱动

一、步进电机细分驱动原理

在高精度微位移控制系统中,常采用步进电机细分驱动技术,以有效改善步进电机的低频特性,实现高精度的定位和微小位移. 目前常用的步进电机细分驱动技术有斩波恒流驱动、脉冲宽度调制驱动和电流跟踪驱动,虽然均能实现步进电机的细分,也具有细分数较高和无积累误差等特点,但由于励磁线圈的互感带来的误差,单步运转的精度依然是步进电机细分的一个瓶颈. 基于单片微机直流电压控制的电细分驱动方法,具有线路简单、细分精度高的特点. 现仍以 42BYGH003 型步进电机为例讨论细分运行. 该电机以单四拍方式运行,每步为 1.8°,即磁场旋转 90°,角位移量为 1.8°;如果磁场旋转 360°,角位移量为 7.2°. A 相和 B 相的磁场矢量图如图 7-7 所示.

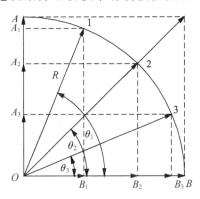

图 7-7　步进电机细分 A 相和 B 相的磁场矢量图

步进电机的细分驱动通过对电机励磁绕组电流的控制,使步进电机定子的合成磁场成为按细分步距旋转的磁场,带动转子转动,从而实现步进电机按细分后的步距角转动. 如果将 A 相通电时定义为起始位"0",则从 A 相通电变为 B 相通电,磁场方向旋转了 90°,角位移量为 1.8°. 如果 A 相、B 相同时通电,则其合矢量方向为 2 所示的位置,夹角 θ_2 为 45°,这是四相八拍的运行方式. 若以 A 相或 B 相单独通电时产生磁场的大小为半径(以 R 表示)作这四分之一圆,即可算出位置"1"时的两个分量 $A_1 = R\sin\theta_1$,$B_1 = R\cos\theta_1$,同理可以算出 $A_2 = R\sin\theta_2$,$B_2 = R\cos\theta_2$,$A_3 = R\sin\theta_3$,$B_3 = R\cos\theta_3$. 由于步进电机是直流供电,所以一旦步进电机位移完成,可以认为它是一个纯电阻负载,因此其磁场的大小只依赖于 I 的大小,即取决于加载在绕组两端的电压,这样我们便可通过 PWM 技术实现对绕组两端电压的调整,使步进电机达到所需精度要求的细分运行. 目前,用这样的办法可以方便地实现 1/4、1/8、1/16、1/32、1/64 步的细分,细分至 1/1024 步的驱动器也已有成熟的产品.

二、常用步进电机细分驱动技术

步进电机细分技术的发展已经经过了很长一段时期,技术也较为成熟. 根据构成细分驱动的电路结构,目前较为流行的细分驱动方式可分为单片式细分驱动和分离元件细分驱动,这里主要介绍分离元件细分驱动;根据末级功放管的工作状态,又可分为放大型和开关型. 放大型步进电机细分驱动电路中末级功放管的输出电流直接受控制单元的输出电压控制,该方法主要应用于驱动电流较小,但细分精度要求较高的场合;开关型步进电机的细分驱动电路的末级功放管工作在开关状态,能输出大电流,因此该电路一般用于输出力矩较大的步进电机的驱动.

最常用的开关型步进电机细分驱动电路有脉宽调制驱动和斩波恒流驱动,而精度较高的放大型步进电机细分驱动电路较为成熟的是电流跟踪驱动.

1. 脉宽调制驱动.

脉宽调制驱动是利用 MOS 管或晶体管等开关管的高频导通与截止把直流电压变换为电压脉冲,并通过控制电压脉冲宽度或控制其周期,或两相同时进行控制达到变频变压的目的,从而达到控制绕组平均励磁电流的一种控制技术.形成的调制信号为等幅度、相同周期、但占空比变化的矩形波,调制信号的占空比改变,使得步进电机励磁绕组上的平均电流相应改变,从而实现细分电流的控制.

2. 斩波恒流驱动.

斩波恒流驱动的电路主要由电压控制电路、电压比较器、PWM 调制电路、功率驱动电路和采样反馈电路组成,由电压控制电路的输出电压来控制功率驱动电路供给步进电机励磁绕组的电流,电压控制电路的输出电压接入比较器的一个输入端,采样反馈电路输出的电压信号接入另一端.

当绕组电流上升时,由于所加电压较高,电流上升较快,采样电路的电压输出代表了电流的大小;当电流超过所设定的值时,比较器反转,使得驱动电路中的开关管截止,而此时磁场能量将使绕组的电流按原来方向继续流动,但是电流会越来越小,采样电路的输出电压也越来越小.当采样电路的输出电压小于电压控制单元的输出电压时,比较器再次反转,使得驱动电路中的开关管导通,电流上升,如此反复达到电流恒定在设定电流附近变化.

在步进电机细分驱动中,斩波恒流驱动方式是应用最为广泛的一种,但是因为在实际工作中比较器对输入信号非常敏感,非常细微的变化都可导致比较器反转,比较器反转频率远远高于预期,从而导致了励磁绕组中存在高频的尖峰和毛刺电流,使得电流在平衡位置存在着不平衡,所以在高细分高精度的控制场合,该方法不能满足要求.

3. 电流跟踪驱动.

电流跟踪驱动是近年刚出现的一种驱动方法,其主体思想是基于控制驱动电源的输出功率,使之成线性变化,从而达到控制细分电流的目的.该驱动方式的前端控制方式类似于上述两种方法,均是通过一个可控的电压输出来控制励磁绕组的电流,只是其电路的功率驱动部分采用一个三端可调集成稳压器 LM317 来提供步进电机的励磁绕组的励磁电流,其功放电路如图 7-8 所示.

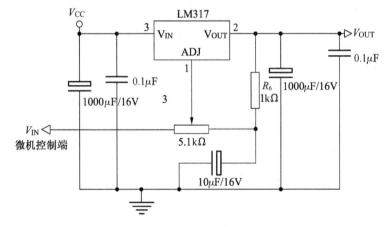

图 7-8 电流跟踪驱动功放电路原理

该驱动模式通过控制 LM317 的输出电压来控制加载在励磁绕组上的电压,从而达到控制励磁电流的目的.然而要保证励磁绕组的电流按细分规律严格变化,就必须保证励磁绕组的阻抗是严格一致的,而实际的励磁绕组不可能有这种理想状态,因此产生了误差.另外,LM317 的输出功率非常有限,只能应用于小电流的步进电机细分系统中.

　　当然,由于磁滞效应和磁化曲线的非线性等原因,理论计算的细分数据与实际运行的结果还有误差,需要设计人员在调试时用软件进行修正.

　　步进电机驱动的执行机构对位置精度要求很高,所以在选择驱动器时要有一定的余量.供给步进电机的直流电源也应有一定的余量,以防止出现失步.某些对位置精度要求很高的场合,可以采用闭环控制的方式,其基本原理和方法与伺服电机类似.另外,为了通电的相序,即应从哪一相开始通电,一般需在微机中安排一个非易失性存储器,保存步进电机每运行一步的通电情况,这样在掉电后再通电时,计算机便能准确地将掉电前步进电机的通电状态恢复,以防止错位.

第8章 模数转换应用

在控制系统中,需要把温度、压力等模拟量转换为数字量传送到单片微机进行运算和处理,模数转换器是沟通模拟量与数字量的桥梁.A/D 转换器分为两大类,即直接型 A/D 和间接型 A/D.在设计数据采集系统时,A/D 转换器的位数至少要比总精度要求的最低分辨率高一位.一般对温度、压力等缓变参量测量时,可以选择积分型 A/D 转换器;对于中速数据采集,如音频采集,使用逐次比较型 A/D 转换器.基准电压是 A/D 转换器转换准确的保证,使用带内部基准的比较方便和准确.

本章介绍应用模数转换芯片的 LM35 的温度采集系统,该系统主要由单片微机部分、MCP3421 对 LM35 输出信号进行差分采样控制电路、74HC595 驱动 LED 动态显示电路三个功能模块组成.单片微机控制模块以 51 单片微机为控制核心,结合 ADC 和 LED 实现温度的测量和显示功能,可以对正负温度进行测量.

设计功能:测温范围 $-55℃ \sim 150℃$;测量精度 $0.1℃$.

8.1 模数转换芯片 MCP3421 介绍

MCP3421 为带 IIC 接口和片内参考的单通道模数转换器,功能框图如图 8-1 所示,它具有低噪声、高精度、差分输入 $\Delta\Sigma A/DC$ 的特点,分辨率高达 18 位,提供微型 SOT-23-6 封装.它具片上精密 2.048V 参考电压,差分输入电压范围为 $\pm2.048V$.该器件使用 2 线 IIC 兼容串行接口,并采用2.7 $\sim$ 5.5V单电源供电.MCP3421 封装如图 8-2 所示,表 8-1 为引脚功能表,MCP3421 器件特别适于需要设计简单、低功耗和节省空间的各种高精度模数转换应用.

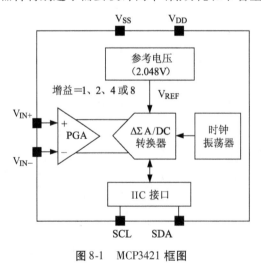

图 8-1 MCP3421 框图

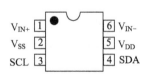

图 8-2 MCP3421 封装图

表8-1　MCP3421引脚功能表

MCP3421	符　号	说　明
1	V_{IN+}	正差分模拟输入引脚
2	V_{SS}	接地引脚
3	SCL	IIC接口的串行时钟输入引脚
4	SDA	IIC接口的双向串行数据引脚
5	V_{DD}	正电源引脚
6	V_{IN-}	负差分模拟输入引脚

通过2线IIC串行接口对控制配置位进行设定,MCP3421器件可按3.75、15、60或240采样/秒(sps)的速率进行转换.该器件具有片内可编程增益放大器(PGA),用户可在转换开始之前选择PGA增益为×1、×2、×4或×8.因此MCP3421在转换很小的输入信号时仍可保持高分辨率.该器件提供两种转换模式,即连续转换模式、单次转换模式.在单次转换模式下,器件在完成一次转换后自动进入低电流待机模式,这样可显著降低空闲期间的电流消耗.器件在每次转换时进行失调和增益的自校正,在温度变化和电源电压波动下为多次转换提供了可靠的转换结果.

一、MCP3421配置寄存器

当器件上电复位(POR置1)时,它自动将配置位复位至默认设置:转换位分辨率为12位(240sps)、PGA增益为×1、连续转换模式.器件上电复位后,用户可以利用IIC串行接口随时重新对配置位编程.配置位存储在易失性存储器中.

MCP3421具有8位宽配置寄存器,如表8-2所示,用于选择输入通道、转换模式、转换速率和PGA增益.该寄存器允许用户改变器件的工作条件和检查器件的工作状态.用户通过采用一条写命令设置配置寄存器来控制器件,并使用一条读命令来读取转换结果.器件工作在连续转换模式和单次转换模式,通过设置配置寄存器的O/C位来选择相应的工作模式.

表8-2　MCP3421配置寄存器

RDY	C1	C0	O/C	S1	S0	G1	G0
1*	0*	0*	1*	0*	0*	0*	0*

注:* 为上电复位时的默认配置.

1.工作模式设置(O/C位).

(1)连续转换模式.

如果O/C位=1,器件进行连续转换.一旦完成转换,RDY位翻转为0并将结果放置在输出数据寄存器中.器件马上开始另外一次转换,并用最新的数据覆盖掉输出数据寄存器中原来的数据.当转换结束时,器件会清除数据就绪标志位(RDY位=0);如果最新转换结果被主器件读取,则器件将数据就绪标志位置1(RDY位=1).

当写配置寄存器时,在连续模式下RDY位置1不会产生任何影响.

当读转换数据时,RDY位=0表示最近的一次转换结果已就绪;RDY位=1表示自上次读之后没有更新转换结果,一次新的转换正在进行且 RDY 位在新的转换结果就绪时被清零.

（2）单次转换模式.

若选择单次转换模式,器件仅进行一次转换,并更新输出数据寄存器,清除数据就绪标志位(RDY 位 =0),然后进入低功耗待机模式.当器件接收到新的写命令且 RDY =1 时,开始新的单次转换.

当写配置寄存器时,RDY 位需要置 1 以开始在单次转换模式下进行一次新的转换.

当读转换数据时,RDY 位 =0 表示最近的一次转换已就绪;RDY 位 =1 表示自上次读之后没有更新转换结果,一次新的转换正在进行且 RDY 位在新的更新完成后被清零.

2. 采样率设置(S1 ~ S0 位).

  00 = 240sps(12 位)(默认)

  01 = 60sps(14 位)

  10 = 15sps(16 位)

  11 = 3.75sps(18 位)

3. PGA 增益设置(G1 ~ G0 位).

  00 = ×1（默认）

  01 = ×2

  10 = ×4

  11 = ×8

❀ 二、MCP3421的IIC串行通信

器件与主器件(单片微机)通过串行 IIC 接口进行通信,支持标准(100kb/s)、快速(400kb/s)和高速(3.4Mb/s)三种模式.串行 IIC 为双向 2 线数据总线通信协议,采用漏极开路 SCL 和 SDA 线.器件只能作为从器件被寻址,一旦被寻址,器件可以用一条写命令接收配置位或用一条读命令发送最新的转换结果.串行时钟引脚(SCL)只能作输入,串行数据引脚(SDA)为双向的.主器件通过发送 START 位开始通信,通过发送 STOP 位结束通信.在读模式时,器件在接收到 NAK 和 STOP 位后释放 SDA 线.START 位之后的第一个字节总是器件的地址字节,它包含了器件代码(4 位)、地址位(3 位)和 R/W 位.MCP3421 器件代码为1101,出厂前已经被编程.紧随器件代码之后为 3 位地址位(A2、A1 和 A0),在出厂前也已经被编程,除非客户要求指定代码,否则在出厂前编程地址位 A2 ~ A0 为 000.3 位地址位允许多达 8 个 MCP3421 器件连接到同一数据总线.

❀ 三、MCP3421的数据读取

当主器件发送读命令(R/W =1)时,器件输出转换数据字节和配置字节,MCP3421 的输出数据格式如表 8-3 所示.每个字节包含 8 个数据位和一个应答(ACK)位.地址字节后的ACK 位由器件产生,每个转换数据字节后的 ACK 位由主器件产生.当器件配置成为 18 位转换模式时,它输出 3 个数据字节并紧随一个配置字节.第一个数据字节的前 6 位是转换数据重复的最高位(MSB)(= 符号位).用户可以忽略前 6 位数据位,仅将第 7 位(D17)当作转

换数据的 MSB. 第 3 个数据字节的 LSB 为转换数据的 LSB(D0). 如果器件配置成 12、14 或 16 位模式,器件输出两个数据字节并紧随一个配置字节. 在 16 位转换模式下,第一个数据字节的 MSB 为转换数据的 D15. 在 14 位转换模式下,第一个数据字节的前两位是重复的 MSB,可以被忽略,第 3 位(D13)为转换数据的 MSB. 在 12 位转换模式下,前 4 位是重复的 MSB,可以被忽略,字节的第 5 位(D11)代表转换数据的 MSB.

表 8-3　MCP3421 的输出数据格式

转换选项	数字输出
18 位	MMMMMMD17D16(第 1 个数据字节) – D15 ~ D8(第 2 个数据字节) – D7 ~ D0(第 3 个数据字节) – 配置字节
16 位	D15 ~ D8(第 1 个数据字节) – D7 ~ D0(第 2 个数据字节) – 配置字节
14 位	MMD13 ~ D8(第 1 个数据字节) – D7 ~ D0(第 2 个数据字节) – 配置字节
12 位	MMMMD11 ~ D8(第 1 个数据字节) – D7 ~ D0(第 2 个数据字节) – 配置字节

四、MCP3421 应用电路连接

1. V_{DD}引脚的旁路电容.

MCP3421 典型连接如图 8-3 所示,为达到精确测量,应用电路需要采用稳定的电源电压供电,同时还需要为 MCP3421 器件隔离任何干扰信号. 在 MCP3421 的 V_{DD}线上使用了两个旁路电容(一个 $10\mu F$ 的钽电容和一个 $0.1\mu F$ 的陶瓷电容). 这些电容可以帮助滤除 V_{DD}线上的高频噪声,同时在器件需要从电源上吸取更多电流时提供瞬间额外电流. 这些电容应尽可能靠近 V_{DD}引脚放置(应在一英寸之内). 如果应用电路具有独立的数字电源和模拟电源,MCP3421 器件的 V_{DD} 和 V_{SS} 应放置在模拟平面.

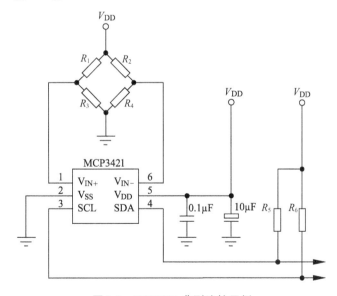

图 8-3　MCP3421 典型连接示例

2. 通过上拉电阻连接到 IIC 总线.

MCP3421 的 SCL 和 SDA 引脚为漏极开路配置,这些引脚需要上拉电阻. 这些上拉电阻的值取决于工作速率以及 IIC 总线的负载电容. 大的上拉电阻会消耗较少的功耗,但会增加总线上的信号传输时间(RC 时间常数会更大),因此,它会限制总线的工作速率. 相反,小的电阻值消耗更高的功耗,但可以允许更高的工作速率. 如果总线走线较长或有多个器件连接到总线上而导致走线电容较大,则需要低阻值的上拉电阻来补偿变大的 RC 时间常数. 在高负载电容环境下,标准模式和快速模式的上拉电阻典型值选择范围为 $5 \sim 10k\Omega$.

8.2　LM35 介绍

LM35 是一种得到广泛使用的温度传感器,由于它采用内部补偿,所以输出可以从 $0℃$ 开始. LM35 有多种不同的封装型式. 在常温下,LM35 不需要额外的校准处理即可达到 $\pm 1/4℃$ 的准确率. 其电源供应模式有单电源与正负双电源两种,可提供零下温度的测量;两种接法的静止电流-温度关系显示,在静止温度中自热效应低($0.08℃$);单电源模式下在 $25℃$ 时静止电流约 $50\mu A$,工作电压较宽,可在 $4 \sim 20V$ 的供电电压范围内正常工作且非常省电,芯片从电源吸收的电流几乎是不变的(约 $50\mu A$),芯片自身几乎没有散热的问题. 这么小的电流也使得该芯片在某些应用中特别适合,比如在电池供电的场合中,输出可以由第三个引脚取出,根本无须校准. LM35 采用塑料封装 TO92,是一种内部电路已校准的集成温度传感器,其输出电压与摄氏温度成正比,线性度好,灵敏度高,精度适中. 其输出灵敏度为 $10.0mV/℃$,精度达 $0.5℃$;测量范围为 $-55℃ \sim 150℃$;输出阻抗低,在 $1mA$ 负载时为 0.1Ω.

8.3　分析计算和电路实现

❋ 一、单片微机控制显示

1. MCU 的选择.

本设计采用 AT89C52 系列单片微机作为控制芯片,最小系统电路如图 8-4 所示.

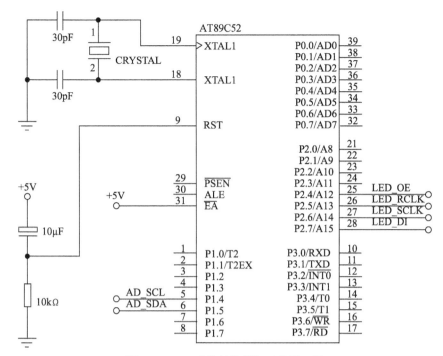

图 8-4　A/D 采集单片微机系统原理图

2. LED 显示.

显示部分可以采用 74HC595 驱动 LED 显示方式,连接电路如图 8-5 所示.

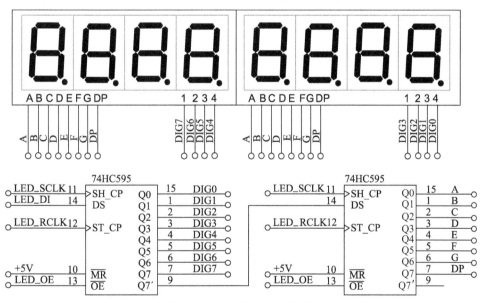

图 8-5　LED 显示部分原理图

❋❋ 二、温度采集部分

温度采集电路如图 8-6 所示. LM35 输出灵敏度为 $10.0\text{mV}/^{\circ}\text{C}$,输出阻抗在 1mA 负载时

为 0.1Ω. AD 芯片 MCP3421 具有差分采样功能,选择 PGA 增益为 ×1,以 240 采样/秒(sps)速率进行转换时,12 位采样率的分辨率为 1mV,测量精度为 1mV/10mV/℃ = 0.1℃,满足设计要求. 同时,在 −55℃ ~ 150℃ 时,图 8-6 中 LM35 的 2 脚和 3 脚都是正电压且差分电压值为 −0.55 ~ 1.5V,满足 MCP3421 在 PGA 增益为 ×1 时的电压要求.

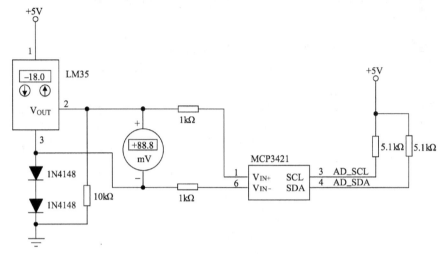

图 8-6 LM35 温度采集原理图

8.4 系统软件设计

一、软件流程图

如图 8-7 所示为软件流程图.

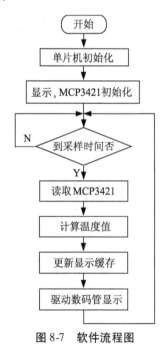

图 8-7 软件流程图

二、主函数部分

```
// 编程环境 Keil C51
INT8U    data    MSec10;
// 共阳 0—9 的编码
INT8U  code  LEDCode[ ]  = {0xc0,0xf9,0xa4,0xb0,0x99,0x92,0x82,0xf8,0x80,
                            0x90,0x40,0x79,0x24,0x30,0x19,0x12,0x02,0x78,
                            0x00,0x10,0xff};
INT8U g_LED_buf[8];
INT8U g_LED_buf_T[8];
FP32 g_dVoltage_get1;

void main(void)
{
  INT8U i,j;
  EA =0;
  IE =0;
  EA =0;

  #if(1 = = EX0_EN)
    IniEx0();                          // 初始化外部中断 0
  #endif


  #if(1 = = EX1_EN)
    IniEx1();                          // 初始化外部中断 1
  #endif


  #if(1 = = T0_EN)
    IniT0();                           // 初始化 T0
  #endif


  #if(1 = = UART_EN_0)
    IniSerial_0();                     // 初始化串口 0
  #endif


  #if(1 = = UART_EN_1)
    IniSerial_1();                     // 初始化串口 1
  #endif
```

```
#if( 1 = = T1_EN)                          //初始化 T1
  IniT1( ) ;
#endif

#if( 1 = = T2_EN)
  IniT2( ) ;                               //初始化 T2
#endif

ET2 = 1 ;
TR2 = 1 ;
EA = 1 ;
MCP3421_Init( ) ;                          //初始化 MCP3421
MCP3421_start( 0 ) ;                        //开始 A/D 转换
while( 1 )
{
  EA = 1 ;

  if( MSec10 > = 50)                        //每 0.5s 执行一次
  {
    MSec10 = 0 ;
    MCP3421_read_adc( 0 ,&g_dVoltage_get1 ) ;
                                           //读取 A/D 值
    if( g_dVoltage_get1 < 0)               //如果是负数
    {
      g_LED_buf[ 7 ] = 0xBF ;
      g_dVoltage_get1 = - g_dVoltage_get1 ;
    }
    else
    {
      g_LED_buf[ 7 ] = LEDCode[ 20 ] ;
    }
    if( ( INT16U) g_dVoltage_get1 / 100 = = 0)
                                           //处理百位
    {
      g_LED_buf[ 6 ] = 0xFF ;
    }
    else
    {
      g_LED_buf[ 6 ] = LEDCode[ ( INT16U) g_dVoltage_get1 / 100 ] ;
```

```
        }
    g_LED_buf[5] = LEDCode[(INT16U)g_dVoltage_get1 % 100 / 10];
                                                            //十位
    g_LED_buf[4] = LEDCode[(INT16U)g_dVoltage_get1 % 10];
                                                            //个位
    g_LED_buf[4] = g_LED_buf[4] & 0x7F;
                                                            //小数点
    g_LED_buf[3] = LEDCode[(INT32U)(g_dVoltage_get1 * 10) % 10];
                                                            //0.1 位
    g_LED_buf[2] = LEDCode[(INT32U)(g_dVoltage_get1 * 100) % 10];
                                                            //0.01 位
    g_LED_buf[1] = LEDCode[(INT32U)(g_dVoltage_get1 * 1000) % 10];
                                                            //0.001 位
    g_LED_buf[0] = LEDCode[20];
    for(i = 0; i < 8; i++)                      //传输到缓存
        {
            g_LED_buf_T[i] = g_LED_buf[i];
        }
        }
    }
}
```

三、74HC595动态显示驱动程序

```
    sbit ST = P2^5;                              //锁存引脚
    sbit LG = P2^4;                              //输出允许引脚
    sbit MYCLK = P2^6;                           //时钟引脚
    sbit MYDAT = P2^7;                           //数据引脚
    void IntT2(void)    interrupt 5              //定时器 T2 驱动 74HC595 显示
    {
        static intiDig = 0;                      //数码管,位控制
        INT8U i;
        INT8U ucData;
        TF2 = 0;

        ucData = g_LED_buf_T[iDig];              //段数据
        for(i = 0; i < 8; i++)
        {
            MYCLK = 0;
            MYDAT = (ucData & 0x80) == 0x80;     //段数据取位
```

149

```
        ucData = ucData << 1;                   //左移
        MYCLK = 1;
    }
    MYCLK = 0;
    ucData = 1 << iDig;                          //数码管位控制
    iDig ++ ;
    if( iDig >= 8)  iDig = 0;
    for( i = 0; i < 8; i ++ )                    //位数据
    {
        MYCLK = 0;
        MYDAT = ( ucData&0x80) == 0x80;
        ucData = ucData << 1;
        MYCLK = 1;
    }
    MYCLK = 0;
    EA = 0;                                      //关中断
    LG = 1;                                      //输出禁止
    ST = 0;
    ST = 1;                                      //锁存数据
    ST = 0;
    LG = 0;                                      //输出允许
    EA = 1;                                      //开中断
}
```

四、MCP3421驱动程序

```
//mcp3421. h
#ifndef __MCP3421_H__
#define __MCP3421_H__
#define WDR( )
#define MCP3421_EN 1
#define MCP3421_START 0x90                //连续,12位,1mV,240sps,G1
#define MCP3421_CHIPADDR 0xD0

extern void    MCP3421_Init( void) ;
extern void    MCP3421_start( INT8U ucAddress) ;
extern INT8U MCP3421_read_adc( INT8U ucAddress,FP32  * dVoltage) ;
#endif

sbit MCP3421_SCL = P1^4;
```

```c
sbit MCP3421_SDA = P1^5;


#define MCP3421_SCL_0( )  MCP3421_SCL = 0
#define MCP3421_SCL_1( )  MCP3421_SCL = 1
#define MCP3421_CLK_INIT( )  MCP3421_SCL = 1
#define MCP3421_SDA_INIT( )  MCP3421_SDA = 1
#define MCP3421_SDA_0( )  MCP3421_SDA = 0
#define MCP3421_SDA_1( )  MCP3421_SDA = 1
#define MCP3421_SDA( )  MCP3421_SDA



// mcp3421.c
static INT8U g_bitAcknowledge;
static void DelayBus( void);
static void MCP3421_Start( void);
static void MCP3421_Stop( void);
static void MCP3421_SetWriteAddress( INT8U ucAddress);
static void MCP3421_SetReadAddress( INT8U ucAddress);
static void MCP3421_Write( INT8U ucData);
static INT8U MCP3421_Read( void);
static void  MCP3421_Write_OneByte( INT8U addr, INT8U ucData);
static void  MCP3421_Read_NBytes( INT8U wAddress, INT8U * pBuffer);

static void DelayBus( void)
{
    _nop_( );
    _nop_( );
    _nop_( );
    _nop_( );
    _nop_( );
}

void MCP3421_Init( void)
{
    MCP3421_CLK_INIT( );
    MCP3421_SDA_INIT( );
    MCP3421_Stop( );
}
```

```c
static void MCP3421_Start(void)
{
    MCP3421_SDA_1();
    DelayBus();
    MCP3421_SCL_1();
    DelayBus();
    MCP3421_SDA_0();
    DelayBus();
    MCP3421_SCL_0();
    DelayBus();
}

static void MCP3421_Stop(void)
{
    MCP3421_SDA_0();
    DelayBus();
    MCP3421_SCL_1();
    DelayBus();
    MCP3421_SDA_1();
    DelayBus();
}

static void MCP3421_SetWriteAddress(INT8U ucAddress)
{
    INT8U   i,ucChip_addr;

    ucChip_addr = MCP3421_CHIPADDR + (ucAddress << 1);
    for(i = 0;i ! = 8;i + +)
    {
        MCP3421_Start();
        {
            MCP3421_Write(ucChip_addr);
            if(g_bitAcknowledge)
                return;
            else
                MCP3421_Stop();
        }
    }
}
```

```
static void MCP3421_SetReadAddress( INT8U ucAddress )
{
    INT8U   i,ucChip_addr;

    ucChip_addr = MCP3421_CHIPADDR + ( ucAddress << 1 ) + 1 ;

    for( i = 0 ;i ! = 8 ;i + + )
    {
        MCP3421_Start( ) ;
            {
                MCP3421_Write( ucChip_addr ) ;
                if( g_bitAcknowledge )
                    return ;
                else
                    MCP3421_Stop( ) ;
            }
    }
}


static void MCP3421_Write( INT8U ucData )
{
    INT8U ucVar ;

    for( ucVar = 0 ;ucVar < 8 ;ucVar + + )
    {
        MCP3421_SCL_0( ) ;
        if( ( ucData& 0x80 ) = = 0x80 )
            MCP3421_SDA_1( ) ;
        else
            MCP3421_SDA_0( ) ;
        DelayBus( ) ;
        MCP3421_SCL_1( ) ;
        DelayBus( ) ;
        ucData <<= 1 ;
        MCP3421_SCL_0( ) ;
        DelayBus( ) ;
    }

    MCP3421_SDA_1( ) ;
```

```
        DelayBus( );
        MCP3421_SCL_1( );
        DelayBus( );
        g_bitAcknowledge = ~ MCP3421_SDA( );
        MCP3421_SCL_0( );
        DelayBus( );
    }


static void MCP3421_Write_OneByte( INT8U addr, INT8U ucData)
{
    INT8U j;

    for( j = 0;j ! = 40;j + + )
    {
        WDR( );
        MCP3421_SetWriteAddress( addr);
        if( g_bitAcknowledge)
        {
            MCP3421_Write( ucData);
            if( g_bitAcknowledge)
            {
                MCP3421_Stop( );
                return;
            }
        }
        else
            MCP3421_Stop( );
    }
}

static INT8U MCP3421_Read( void)
{
    INT8U ucVar,ucData = 0;

    for( ucVar = 0;ucVar < 8;ucVar + + )
    {
        MCP3421_SDA_1( );
        DelayBus( );
```

```
        ucData <<= 1 ;
        MCP3421_SCL_1( ) ;
        DelayBus( ) ;
        ucData | = MCP3421_SDA( ) ;
        MCP3421_SCL_0( ) ;
        DelayBus( ) ;
    }

    returnucData ;
}


static void MCP3421_Read_NBytes( INT8U ucAddress , INT8U * pBuffer )
{
    INT8U ucVar1 , ucNums = 3 ;
    INT8U i ;

    for( i = 0 ; i ! = 8 ; i + + )
    {
        MCP3421_SetReadAddress( ucAddress ) ;
        if( g_bitAcknowledge )
        {
            for( ucVar1 = 0 ; ucVar1 < ucNums ; )
            {
                pBuffer[ ucVar1 ] = MCP3421_Read( ) ;
                ucVar1 + + ;
                if( ucVar1 = = ucNums )
                    MCP3421_SDA_1( ) ;
                else
                    MCP3421_SDA_0( ) ;
                    DelayBus( ) ;
                MCP3421_SCL_1( ) ;
                DelayBus( ) ;
                MCP3421_SCL_0( ) ;
                DelayBus( ) ;
            }
            MCP3421_Stop( ) ;
            break ;
        }
        else
            MCP3421_Stop( ) ;
```

```
        }
    }

    void MCP3421_start(INT8U ucAddress)
    {
        MCP3421_Write_OneByte(ucAddress,MCP3421_START);
    }

    INT8U MCP3421_read_adc(INT8U ucAddress,FP32 *dVoltage)
    {
        INT8U ucBuff[3];
        INT16S iData;
        FP32 dVoltage_t;

        ucBuff[0] =0;
        ucBuff[1] =0;
        ucBuff[2] =0;
        MCP3421_Read_NBytes(ucAddress,ucBuff);
        iData = ucBuff[1];
        iData = iData | ((INT16U)(ucBuff[0]) <<8);
        dVoltage_t = (iData) / 10.0;  // 10.0mV 对应 1℃
         *dVoltage = dVoltage_t;
        returnucBuff[2];
    }
```

第9章　数模转换应用

对于模拟量控制系统,需要先将数字量转换为模拟量之后才能实现控制,这就需要使用D/A转换器.大多数 D/A 转换器由电阻阵列和电流开关或电压开关构成,因为电流开关的切换误差小,大多采用电流开关型电路.电流开关型电路直接输出电流,则为电流输出型 D/A 转换器,实际使用时常常外接电流—电压转换电路,得到需要的电压;电流开关型电路如果转换为电压输出,则为电压输出型 D/A 转换器,常作为高速 D/A 转换器使用.

本章介绍应用数模转换芯片的数控恒流源设计,系统主要由单片微机控制部分、恒流源控制电路、键盘输入电路三个功能模块组成.恒流源控制电路由硬件闭环恒流电路实现.单片微机控制模块以 51 单片微机为控制核心,结合键盘、DAC 和 LED 实现数控恒流源的控制和显示功能.

设计功能:输出电流范围 10~3000mA;步进可达到 1mA.

9.1　数模转换器 MCP4728 介绍

MCP4728 是带 EEPROM 存储器的 12 位 4 通道数模转换器,其片上精密输出放大器使其能够达到轨对轨模拟输出摆幅.用户可使用 IIC 串行接口命令将 DAC 输入代码、器件配置位和 IIC 地址位烧写到非易失性存储器(EEPROM)中.非易失性存储器功能使得 DAC 器件在断电期间仍能够保持 DAC 输入代码,且 DAC 在上电后根据保存的设置立即产生输出.当 DAC 器件用作应用网络中其他器件的支持器件时,此功能非常有用.

MCP4728 器件具有高精密内部电压基准($V_{REF}=2.048V$).用户可以为每个通道独立选择使用内部电压基准或外部电压基准(V_{DD}).通过设置配置寄存器位,可以使每个通道独立工作于正常或关断模式.在关断模式,关断通道中的绝大部分内部电路被关断,以节省功耗,同时输出放大器可配置成连接到预置的低、中和高电阻输出负载.MCP4728 器件包括用于确保可靠上电的上电复位电路和用于为 EEPROM 提供编程电压的片上电荷泵.MCP4728 具有二线 IIC 兼容串行接口,可用于标准(100kHz)、快速(400kHz)或高速(3.4MHz)模式.MCP4728 适于设计简单且高精密应用的理想 DAC 器件,且适合于要求在断电期间保存 DAC 器件设置的应用.MCP4728 器件提供 10 引脚 MSOP 封装,引脚图如图 9-1 所示,引脚功能表如表 9-1 所示,MCP4728 工作于 2.7~5.5V 单电源电压.

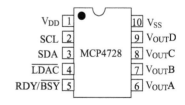

图 9-1　MCP4728 引脚图

表 9-1　MCP4728 引脚功能表

引脚号	名　称	功　能
1	V_{DD}	电源电压
2	SCL	串行时钟输入
3	SDA	串行数据输入和输出
4	$\overline{LDAC}$	此引脚可用于两种情况:同步输入,用于将 DAC 输入寄存器中的内容传递到输出寄存器(V_{OUT});读和写 IIC 地址位时选定器件
5	RDY/$\overline{BSY}$	此引脚为 EEPROM 编程活动时的状态指示引脚,需要从 RDY/$\overline{BSY}$ 引脚至 V_{DD} 线间连接外部上拉电阻(约 100kΩ)
6	$V_{OUT}A$	通道 A 的缓冲模拟电压输出,输出放大器提供轨对轨输出
7	$V_{OUT}B$	通道 B 的缓冲模拟电压输出,输出放大器提供轨对轨输出
8	$V_{OUT}C$	通道 C 的缓冲模拟电压输出,输出放大器提供轨对轨输出
9	$V_{OUT}D$	通道 D 的缓冲模拟电压输出,输出放大器提供轨对轨输出
10	V_{SS}	参考地

❋ 一、MCP4728配置寄存器

MCP4728 器件具有非易失性存储器(EEPROM),4 通道 12 位缓冲电压输出. MCP4728 输入寄存器如表 9-2 所示,用户可将 IIC 地址位、配置位和每个通道的 DAC 输入数据存储到非易失性存储器(EEPROM)中. 每个通道具有其独自的易失性 DAC 输入寄存器和 EEPROM. 器件具有内部电荷泵电路来提供 EEPROM 编程电压. 当器件上电时,它从 EEPROM 中存储的数据载入 DAC 输入和输出寄存器,并根据保存的设置立即提供模拟输出. 此事件并不需要检测 LDAC 或 UDAC 位条件. 器件上电后,用户可使用 IIC 写命令来更新输入寄存器. 当 LDAC 引脚或 UDAC 位为低电平时,模拟输出会按照寄存器中新的数值进行更新. 每个通道的 DAC 输出通过一个低功耗精密输出放大器进行缓冲. 此放大器可提供低失调电压和低噪声以及轨对轨输出. 器件使用电阻串结构,电阻梯形 DAC 根据电压基准的选择可从 V_{DD} 或内部 V_{REF} 分压而形成输出电压. 用户可通过软件控制为每个 DAC 通道单独选择内部(2.048V)或外部基准(V_{DD})用作外部电压基准. 每个通道单独控制,独立工作. 器件具有关断模式功能,处于关断状态的通道中的绝大部分电路均被关断,因此,将未使用的通道设置成关断模式,可以极大地降低工作功耗.

表 9-2　MCP4728 输入寄存器

	配　置　位					DAC 输入数据 (12 位)
位名称	RDY/$\overline{BSY}$	A2:A0	V_{REF}	DAC1:DAC0	PD1:PD0	Gx	D11:D0
位功能	EEPROM 写状态指示位	IIC 地址位	基准选择	DAC 通道	关断选择	增益选择	上电时从 EEPROM 中 载入,或由用 户进行更新

- $\overline{RDY}/BSY$位：EEPROM 编程活动状态指示位(标志).

1：EEPROM 未处于编程模式;

0：EEPROM 处于编程模式.

注：$\overline{RDY}/BSY$状态也可以通过 RDY/$\overline{BSY}$引脚进行监测.

- A2：A0 位：器件 IIC 地址位.
- V_{REF}位：电压基准选择位.

0：V_{DD};

1：内部电压基准(2.048V).

注：所有通道选择外部基准($V_{REF} = V_{DD}$)时,内部电压基准电路将被关断.

- DAC1：DAC0 位：DAC 通道选择位.

00：通道 A;

01：通道 B;

10：通道 C;

11：通道 D.

- PD1：PD0 位：关断选择位.

00：正常模式;

01：V_{OUT}通过 1kΩ 负载电阻连接到地,通道的绝大部分电路被关断;

10：V_{OUT}通过 100kΩ 负载电阻连接到地,通道的绝大部分电路被关断;

11：V_{OUT}通过 500kΩ 负载电阻连接到地,通道的绝大部分电路被关断.

- Gx 位：增益选择位.

0：×1（增益为 1）;

1：×2（增益为 2）.

注：仅适用于选择内部 V_{REF}时.若 $V_{REF} = V_{DD}$,则器件选择 ×1 增益而忽略增益选择位的设置.

- $\overline{LDAC}$引脚：加载选定的 DAC 输入寄存器到相应的输出寄存器(V_{OUT}).

0：加载,输出(V_{OUT})被更新;

1：不加载.

二、DAC输出电压

每个通道根据其自身的配置位设置和 DAC 输入代码产生独立的模拟输出.当选择内部电压基准($V_{REF} = $内部电压)时,它将为每个通道的电阻串 DAC 提供内部 V_{REF}电压;当选择外部电压基准($V_{REF} = V_{DD}$)时,V_{DD}将用于每个通道的电阻串 DAC.V_{DD}应尽可能干净,以保证精确的 DAC 性能.当选择 V_{DD}作为电压基准时,V_{DD}线上的任何变化或噪声都会对 DAC 输出产生直接影响.每个通道的模拟输出具有可编程增益单元.轨对轨输出放大器具有 ×1 或 ×2 的可配置增益选项.若 V_{DD}用作电压基准,则 ×2 增益不适用.

以下事件将更新输出寄存器(V_{OUT})：

- LDAC 引脚设置为“低电平”：更新所有 DAC 通道.
- UDAC 位设置为“低电平”：仅更新选定的通道.
- 广播呼叫软件更新命令：更新所有 DAC 通道.

● 上电复位或广播呼叫复位命令：所有输入和输出寄存器加载 EEPROM 数据来更新，将影响到所有通道.

DAC 输出电压范围随电压基准选择而变化.

● 选择内部电压基准($V_{REF} = 2.048\,V$).

– V_{OUT} 为 $0.000\,V \sim 2.048\,V \times 4095/4096$（增益为 1）；

– V_{OUT} 为 $0.000\,V \sim 4.096\,V \times 4095/4096$（增益为 2）.

● 选择外部电压基准($V_{REF} = V_{DD}$).

– V_{OUT} 为 $0.000\,V \sim V_{DD} \times 4095/4096$.

三、MCP4728的IIC串行接口通信

MCP4728 器件使用双线 IIC 串行接口，典型连接如图 9-2 所示.

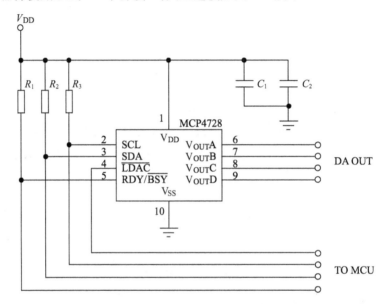

图 9-2　MCP4728 典型连接示例

当器件连接到 IIC 总线时，器件工作为从模式.该器件可在标准、快速或者高速模式下工作.在总线上发送数据的器件定义为发送器，接收数据的器件定义为接收器.总线必须由主器件(MCU)控制，主器件产生串行时钟(SCL)信号，控制总线访问权并产生启动条件和停止条件.主器件(MCU)和从器件(MCP4728)都可以作为发送器或接收器工作，但是由主器件决定工作在哪种模式下.通信由主器件(MCU)发起，它发送启动位，随后是从器件(MCP4728)地址字节.发送的第一个字节始终为从器件(MCP4728)地址字节，它包含器件代码(1100)、地址位(A2、A1 和 A0)和 R/W 位.

如果用户未指定地址位(A2、A1 和 A0)，则这三个地址位在工厂的缺省设置为 000，并被编程进 EEPROM.这三个地址位提供了 8 个唯一的地址寻址.当 MCP4728 器件接收到读命令(R/W = 1)时，将连续发送 DAC 输入寄存器和 EEPROM 的内容.在写器件(R/W = 0)时，在随后的字节中包含写命令类型位.

MCP4728 器件支持所有三种 IIC 串行通信工作模式.

- 标准模式:比特率高达 100kb/s.
- 快速模式:比特率高达 400kb/s.
- 高速模式(HS 模式):比特率高达 3.4Mb/s.

MCP4728 器件的 SCL、SDA 和 RDY/BSY引脚为开漏配置.这些引脚需要一个上拉电阻. LDAC引脚是施密特触发输入配置,它可以由外部 MCU 的 I/O 引脚驱动.SCL 和 SDA 引脚的上拉电阻值取决于工作速度(标准、快速和高速)和 IIC 总线的负载电容.上拉电阻值越高,功耗就越小,但同时会增加总线上的信号转变时间(RC 时间常数变大),因此会限制总线工作速度.相反,电阻值越小,功耗就越大,但可以允许较高的工作速度.如果因为总线较长或连接到总线的器件数较多,导致总线的电容较大,那么需要一个较小的上拉电阻来补偿较大的 RC 时间常数.在标准和快速模式下,上拉电阻的选择范围通常为 $1 \sim 10k\Omega$,对于高速模式,上拉电阻应低于 $1k\Omega$.

9.2　分析计算和电路实现

一、单片微机控制显示

1. MCU 的选择.

本设计采用 AT89C52 系列单片微机作为控制芯片.

2. 键盘扫描和 LED 显示.

键盘扫描选用 1×2 键盘.显示部分可以采用上一章的 74HC595 驱动 LED 显示方式.连接电路如图 9-3 所示.

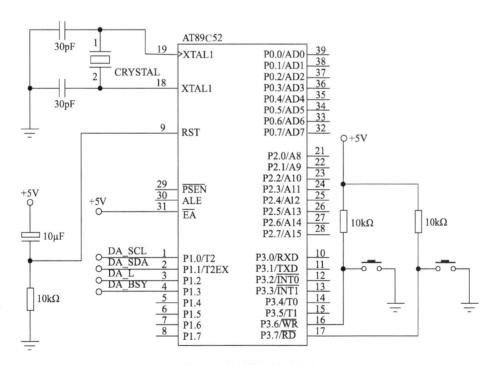

图 9-3　单片微机控制电路

二、恒流源电路部分

硬件闭环控制的恒流源基本电路如图9-4所示,由运放的虚短可知:

$$I_{RL} = V_{in} / R_1 \qquad (9-1)$$

式中:I_{RL}为负载电流,R_1为采样电阻,V_{in}为运算放大器同相端输入电压.电阻R_1固定,则I_{RL}完全由V_{in}控制,此时无论是V_{CC}还是R_L发生变化,利用反馈环的自动调节作用,都能使I_{RL}保持稳定.

具体电路原理图如图9-5所示,电路主要由采样电阻、12位DAC芯片MCP4728、运算放大器AD8606及大功率MOS管组成.大功率MOS管实现扩流,DAC芯片MCP4728输出控制电压到AD8606同相输入端.采样电阻的电压经AD8606第二组运放放大21倍后连接到

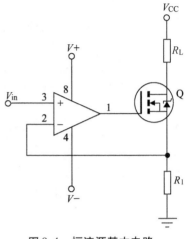

图9-4 恒流源基本电路

AD8606第一组运放的反相端,根据运放虚短的概念,运放的反相输入端电压等于同相输入端的电压,实现用电压控制采样电阻的电压,也就是控制了采样电阻上的电流,从而实现了控制恒流源的输出电流.MCP4728输出4.095V时,采样电阻上的电压为4.095/21 = 0.195(V),则采样电阻上的电流为0.195/0.05 = 3.9(A),满足设计要求;设置电流分辨率为1mA/3000mA = 1/3000,DAC芯片MCP4728的分辨率为1/4096,也满足设计要求.

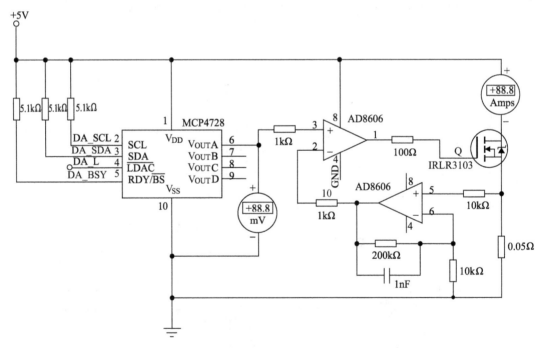

图9-5 数控恒流源控制电路图

9.3　系统软件设计

❈ 一、软件流程图

图 9-6 为软件流程图.

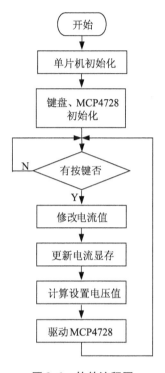

图 9-6　软件流程图

❈ 二、主函数部分

```
FP32 g_dCurrent_Set;
void main(void)
{
    INT8U i,j;

    EA = 0;
    IE = 0;
    EA = 0;
    #if(1 == EX0_EN)
        IniEx0();                        //初始化外部中断0
    #endif
```

```
#if( 1 = = EX1_EN )
    IniEx1( );                                          //初始化外部中断 1
#endif

#if( 1 = = T0_EN )
    IniT0( );                                           //初始化 T0
#endif

#if( 1 = = UART_EN_0 )
    IniSerial_0( );                                     //初始化串口 0
#endif

#if( 1 = = UART_EN_1 )
    IniSerial_1( );                                     //初始化串口 1
#endif

#if( 1 = = T1_EN )                                      //初始化 T1
    IniT1( );
#endif

#if( 1 = = T2_EN )
    IniT2( );                                           //初始化 T2
#endif

ET2 = 1;
TR2 = 1;
EA = 1;
IniKeyBoard( );                                         //初始化键盘
mcp4728_Init( );                                        //初始化 D/A
g_dCurrent_Set = 1.5;                                   //电流 1.5A
mcp4728_set_Voltage(0,g_dCurrent_Set * 0.05 * 21,0);    //设置 D/A
mcp4728_update( );                                       //更新 D/A
while( 1 )
{
    EA = 1;
    if( key_fun = = 0 )                                 //功能键标志位为 0
    {
        HandlerKey( );                                  //获取按键
    }
```

```
        if( key_fun)                              //有按键
        {
            switch( key_KeyCMD)
            {
                case 1:                           //按键 1,增加 10mA
                    g_dCurrent_Set += 0.01;
                    if( g_dCurrent_Set >= 3) g_dCurrent_Set = 3;
                    mcp4728_set_Voltage(0,g_dCurrent_Set * 0.05 * 21,0);
                    mcp4728_update();
                    break;
                case 2:                           //按键 2,减小 10mA
                    g_dCurrent_Set -= 0.01;
                    if( g_dCurrent_Set <= 0.01) g_dCurrent_Set = 0.01;
                    mcp4728_set_Voltage(0,g_dCurrent_Set * 0.05 * 21,0);
                    mcp4728_update();
                    break;
            }
            key_fun = 0;                          //功能键标志位清零
        }
    }
}
```

三、MPC4728驱动程序部分

```
//mcp4728. h
#ifndef __mcp4728_H__
#define __mcp4728_H__
#define mcp4728_EN    1
#define WDR( )
#define mcp4728_CHIPADDR    0xC0

extern void mcp4728_Init( void);
extern void mcp4728_update( void);
extern  INT8U  mcp4728_set_Voltage( INT8U  ucAddress, FP32  dVoltage, INT8U
   ucChannel);
#endif

//mcp4728. c
sbit mcp4728_SCL = P1^0;
sbit mcp4728_SDA = P1^1;
```

```
sbit mcp4728_LDAC = P1^2;

#define mcp4728_CLK_INIT( )      mcp4728_SCL = 1
#define mcp4728_SDA_INIT( )      mcp4728_SDA = 1
#define mcp4728_LDAC_INIT( )    mcp4728_LDAC = 1
#define mcp4728_SDA_0( ) mcp4728_SDA = 0
#define mcp4728_SDA_1( ) mcp4728_SDA = 1
#define mcp4728_SDA( ) mcp4728_SDA

static INT8U g_bitAcknowledge;
static void DelayBus( void );
static void mcp4728_Start( void );
static void mcp4728_Stop( void );
static void mcp4728_SetWriteAddress( INT8U ucAddress );
static void mcp4728_SetReadAddress( INT8U ucAddress );
static void mcp4728_Write( INT8U ucData );
static INT8U mcp4728_Read( void );
static void mcp4728_Write_OneByte( INT8U addr, INT8U ucData );
static void mcp4728_Write_NBytes( INT8U wAddress, INT8U *pBuffer, INT8U ucNums );
static void mcp4728_Read_NBytes( INT8U wAddress, INT8U *pBuffer, INT8U ucNums );

static void DelayBus( void )
{
    _nop_( );
    _nop_( );
    _nop_( );
    _nop_( );
    _nop_( );
}

void mcp4728_Init( void )
{
    mcp4728_CLK_INIT( );
    mcp4728_SDA_INIT( );
    mcp4728_LDAC_INIT( );
    mcp4728_Stop( );
}

static void mcp4728_Start( void )
```

```
    {
        mcp4728_SDA_1();
        DelayBus();
        mcp4728_SCL = 1;
        DelayBus();
        mcp4728_SDA_0();
        DelayBus();
        mcp4728_SCL = 0;
        DelayBus();                                    //钳住总线准备发数据
    }


static void mcp4728_Stop(void)
    {
        mcp4728_SDA_0();
        DelayBus();
        mcp4728_SCL = 1;
        DelayBus();
        mcp4728_SDA_1();
        DelayBus();
    }


static void mcp4728_SetWriteAddress(INT8U ucAddress)
    {
        INT8U i,ucChip_addr;

        ucChip_addr = mcp4728_CHIPADDR + (ucAddress << 1);
        for(i = 0;i != 8;i ++)
        {
            mcp4728_Start();
            {
                mcp4728_Write(ucChip_addr);
                if(g_bitAcknowledge)
                    return;
                else
                    mcp4728_Stop();
            }

        }
    }
```

```
static void mcp4728_SetReadAddress( INT8U ucAddress )
{
    INT8U i,ucChip_addr;

    ucChip_addr = mcp4728_CHIPADDR + ( ucAddress << 1 ) + 1;
    for( i = 0 ; i ! = 8 ; i + + )
    {
        mcp4728_Start( );
        {
            mcp4728_Write( ucChip_addr );
            if( g_bitAcknowledge )
                return;
            else
                mcp4728_Stop( );
        }
    }
}

static void mcp4728_Write( INT8U ucData )
{
    INT8U ucVar;

    for( ucVar = 0 ; ucVar < 8 ; ucVar + + )
    {
        mcp4728_SCL = 0;
        if( ( ucData & 0x80 ) = = 0x80 )
            mcp4728_SDA_1( );
        else
            mcp4728_SDA_0( );
        DelayBus( );
        mcp4728_SCL = 1;
        DelayBus( );              // 保持数据时间即 SCL 为高时间,大于 4.7μs
        ucData <<= 1;
        mcp4728_SCL = 0;
        DelayBus( );
    }
    mcp4728_SDA_1( );
    DelayBus( );
```

```
    mcp4728_SCL = 1;
    DelayBus();
    g_bitAcknowledge = ~ mcp4728_SDA();                    // mcp4728_SDA
    mcp4728_SCL = 0;
    DelayBus();
}


void mcp4728_Write_OneByte(INT8U addr, INT8U ucData)
{
    INT8U j;

    for(j = 0;j ! = 40;j + +)
    {
        WDR();
        mcp4728_SetWriteAddress(addr);
        if(g_bitAcknowledge)
        {
            mcp4728_Write(ucData);
            if(g_bitAcknowledge)
            {
                mcp4728_Stop();
                return;
            }
        }
        else
            mcp4728_Stop();
    }
}


void mcp4728_Write_NBytes(INT8U wAddress, INT8U * pBuffer,INT8U ucNums)
{
    INT8U i;
    INT8U j;
    INT8U * pbak;
    INT8U ucOK;

    pbak = pBuffer;
    for(j = 0;j! = 40;j + +)
    {
```

```c
        mcp4728_SetWriteAddress( wAddress ) ;
        ucOK = 0 ;
        pBuffer = pbak ;
        if( g_bitAcknowledge )
        {
            for( i = 0 ; i ! = ucNums ; i + + )
            {
                mcp4728_Write( pBuffer[ i ] ) ;
                if( g_bitAcknowledge )
                    ucOK = 1 ;
                else
                {
                    ucOK = 0 ;
                    break ;
                }
            }
            mcp4728_Stop( ) ;
        }
        else
        {
            mcp4728_Stop( ) ;
            continue ;
        }
        if( ucOK = = 1 )
        {
            break ;
        }
    }
    mcp4728_Stop( ) ;
}


static INT8U mcp4728_Read( void )
{
    INT8U ucVar , ucData = 0 ;

    for ( ucVar = 0 ; ucVar < 8 ; ucVar + + )
    {
        mcp4728_SDA_1( ) ;
        DelayBus( ) ;
```

```
        ucData <<= 1 ;
        mcp4728_SCL = 1 ;
        DelayBus( ) ;
        ucData| = mcp4728_SDA( ) ;          //mcp4728_SDA ;
        mcp4728_SCL = 0 ;
        DelayBus( ) ;                        //将 SCL 拉低时间大于 4.7μs
    }
    return ucData ;
}


void mcp4728_Read_NBytes( INT8U ucAddress,INT8U  * pBuffer,INT8U ucNums )
{
    INT8U ucVar1 ;
    INT8U i ;

    for( i = 0 ; i! = 8 ; i + + )
    {
        mcp4728_SetReadAddress( ucAddress ) ;
        if( g_bitAcknowledge )
        {
            for( ucVar1 = 0 ; ucVar1 < ucNums ; )
            {
                pBuffer[ ucVar1 ] = mcp4728_Read( ) ;
                ucVar1 + + ;
                if( ucVar1 = = ucNums )
                    mcp4728_SDA_1( ) ;
                else
                    mcp4728_SDA_0( ) ;
                DelayBus( ) ;
                mcp4728_SCL = 1 ;
                DelayBus( ) ;       //保持数据时间即 SCL 为高时间,大于4.7μs
                mcp4728_SCL = 0 ;
                DelayBus( ) ;
            }
            mcp4728_Stop( ) ;
            break ;
        }
        else
```

```
            mcp4728_Stop( );
      }
}


void mcp4728_update( void )
{
    mcp4728_LDAC = 0;
    DelayBus( );
    mcp4728_LDAC = 1;
    DelayBus( );
}


INT8U mcp4728_set_Voltage( INT8U ucAddress, FP32 dVoltage, INT8U ucChannel)
{
    INT8U ucData[3];
    INT16U w1;

    ucData[0] = 0x40 +   ( ucChannel << 1) + 1;
    if( dVoltage > 4.096) dVoltage = 4.096;
    if( dVoltage < 0) dVoltage = 0;
    w1 = dVoltage / 4.096 * 4095 + 0.5;
    ucData[2] = w1;
    ucData[1] = w1 >> 8;
    ucData[1] = ucData[1] | 0x90;
    mcp4728_Write_NBytes( ucAddress, ucData,3);
    return 1;
}
```

第10章　自动控制应用

　　工业自动化水平已成为衡量各行各业现代化水平的一个重要标志.控制理论的发展也经历了古典控制理论、现代控制理论和智能控制理论三个阶段.自动控制系统可分为开环控制系统和闭环控制系统.闭环控制系统的特点是系统被控对象的输出会反馈到输入端,并影响控制器的输出,形成一个或多个闭环.闭环控制系统有正反馈和负反馈,如果反馈信号与系统给定值信号相反,则称为负反馈;若极性相同,则称为正反馈.一般闭环控制系统均采用负反馈,又称负反馈控制系统.自动控制通常是闭环控制系统,如空调的温度控制.目前,PID控制已在工程实际中得到了广泛的应用.

　　本章介绍基于双向可控硅的 PID 温度控制系统的设计与实现.温度控制在工业生产、科研活动中是一个很重要的环节.由于控制对象的不同,所控制的精度也不同,为了较快地达到精度范围,一般采用 PID 控制,对 PID 的各种参数进行整定可以满足不同的应用场合.电路主要由单片微机部分、PT100 温度传感器电路、MCP3421 差分采样控制电路、键盘扫描电路、LED 显示电路等功能模块组成.用精密运放构成恒流源,PT100 上通过 1mA 的恒流,MCP3421 差分采样进行精密温度测量.通过 PID 算法,利用 PWM 驱动可控硅,实现温度控制.单片微机模块以 AT89C55 单片微机为控制核心,实现温度监控.

　　设计功能:控温范围上限为 600℃;测量精度 0.1℃.

10.1　双向可控硅

　　闸流管是一种可控制的整流管,由门极向阴极送出微小信号电流即可触发单向电流自阳极流向阴极.双向可控硅可看作"双向闸流管",双向可控硅符号如图 10-1 所示,它能双向导通.对标准的双向可控硅,电流能沿任一方向在主端子 MT1 和 MT2 间流动,用 MT1 和门极端子间的微小信号电流触发.

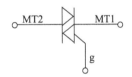

图 10-1　双向可控硅符号

　　双向可控硅的触发方式有移相触发和过零触发两种.一般温度控制系统都采用移相触发晶闸管,控制晶闸管的导通角来控制输出功率.触发电路需要一定幅值且相位能改变的脉冲,而且还需要解决与主回路电压同步的问题,电路较为复杂.采用移相触发晶闸管调压装置,在晶闸管导通瞬间会产生高次谐波干扰,造成电网电压波形畸变,影响其他用电设备和通信系统的正常工作.过零触发则通过控制晶闸管导通与关断的时间比值来调节送给电炉的功率,常用的过零触发光电双向可控硅驱动器为 MOC3061.

10.2　PID 控制的原理和特点

在工程实际中,应用最为广泛的调节器控制规律为比例、积分、微分控制,简称 PID 控制,又称 PID 调节. PID 控制器是实际工业控制过程中应用最广泛、最成功的一种控制方法.

PID 的微分方程为

$$Y = K_p \left[e(t) + \frac{1}{T_1} \int e(t) \, dt + T_D \frac{de(t)}{dt} \right] \tag{10-1}$$

PID 控制器问世至今已近 70 年,它以结构简单、稳定性好、工作可靠、调整方便而成为工业控制的主要技术之一. 当被控对象的结构和参数不能完全掌握,或得不到精确的数学模型时,控制理论的其他技术难以采用,系统控制器的结构和参数必须依靠经验和现场调试来确定,这时应用 PID 控制技术最为方便.

1. 比例(P)控制.

比例控制是一种最简单的控制方式,其控制器的输出与输入误差信号成比例关系. 偏差一旦产生,控制器立即就发生作用,即调节控制输出,使被控量朝着减小偏差的方向变化,偏差减小的速度取决于比例系数 K_p. 其优点是:调节及时,只要有偏差出现,就能及时产生与之成比例的调节作用. 其缺点是:存在静差,对扰动较大、惯性较大的系统,难于兼顾动态和静态特性. 单纯的比例控制存在稳态误差不能消除的缺点.

2. 积分(I)控制.

在积分控制中,控制器的输出与输入误差信号的积分成正比关系. 对一个自动控制系统,如果在进入稳态后存在稳态误差,则称这个控制系统是有稳态误差的,或将系统简称为有差系统. 为了消除稳态误差,在控制器中必须引入"积分项". 这样,即便误差很小,积分项也会随着时间的增加而加大,它推动控制器的输出增大,使稳态误差进一步减小,直到等于零. 其优点是:能消除静差. 其缺点是:动作缓慢,在偏差刚出现时,调节器作用弱,不能及时克服扰动的影响,致使被调参数的动态偏差增大.

3. 微分(D)控制.

在微分控制中,控制器的输出与输入误差信号的微分成正比关系. 其优点是:使过程的动态品质得到改善. 其缺点是:不能消除静差,只能在偏差刚出现时产生一个很大的调节作用.

10.3　分析计算和电路实现

❀ 一、单片微机控制显示

1. MCU 的选择.

本设计程序代码中含 PT100 数据表格,代码较长,所以选用 AT89C55 系列单片微机作为控制芯片. 连接电路如图 10-2 所示.

2. LED 显示.

显示部分可以采用 74HC595 驱动 LED 显示方式,连接电路如图 10-3 所示.

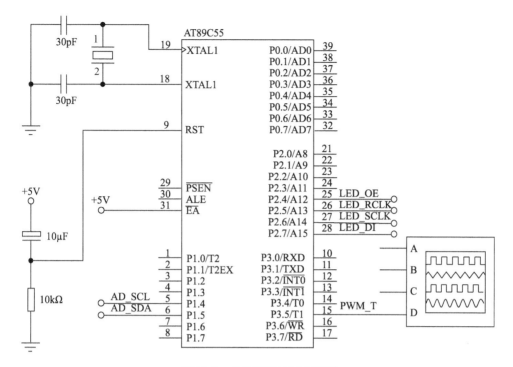

图 10-2　单片微机控制电路图

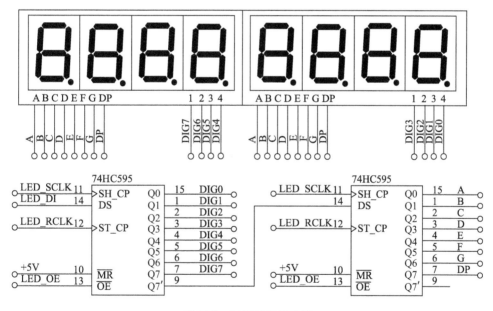

图 10-3　数码管显示电路

🌸 二、PT100温度采样电路分析

温度采样电路如图 10-4 所示,TL431 产生 2.5V 基准电压,加到 AD8606 的第一组运放的同相端,PT100 作为负载,流过的电流为 1mA. PT100 用 4 线制采样,两端的电压经过MCP3421 差分采样. AD 芯片 MCP3421 选择 PGA 增益为 ×1,18 位采样率的分辨率为

15. $625\mu V$,量程为 2.048V. PT100 上 600℃时电压为 $2.5 + 313.6 \times 0.001 = 2.814(V)$,小于供电电压,差分电压值为 0.314V,则本设计可测最大温度值远大于 600℃,满足设计要求;温度测量精度为 $16.625\mu V / (0.4 \times 0.001 V/℃) = 0.042℃$,小于 0.1℃,也满足设计要求.

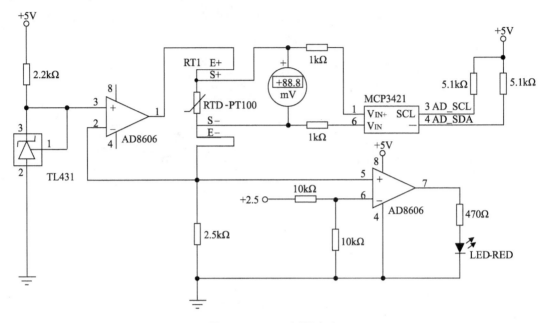

图 10-4　PT100 测温电路

三、可控硅驱动电路

晶闸管的触发方式有移相触发和过零触发两种. 常用的触发电路易受电网电压的波动和电源波形畸变的影响,为解决同步问题,往往使电路较为复杂. MOTOROLA 公司生产的 MOC3021 ~ MOC3081 器件可以很好地解决这些问题. 该器件用于触发晶闸管,具有价格低廉、触发电路简单可靠的特点. 可控硅驱动电路如图 10-5 所示. 本设计可控硅选用 BAT16-600B,耐压 600V,通态平均电流 16A.

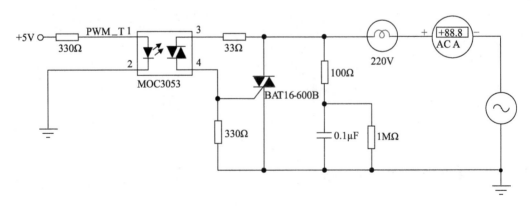

图 10-5　可控硅驱动电路

10.4　系统软件设计

✿ 一、软件流程图

软件流程图如图 10-6 所示.

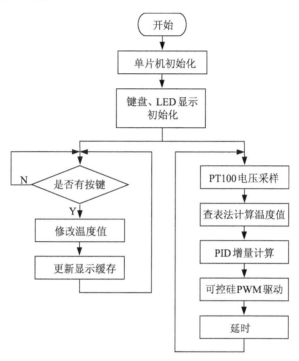

图 10-6　软件流程图

✿ 二、主函数部分

```
//共阳 0—9 的编码
INT8U code LEDCode[ ] = {0xc0,0xf9,0xa4,0xb0,0x99,0x92,0x82,0xf8,0x80,
                         0x90,0x40,0x79,0x24,0x30,0x19,0x12,0x02,0x78,
                         0x00,0x10,0xff};


INT8U idatag_LED_buf[8];
INT8U idatag_LED_buf_T[8];
double g_dKp,g_dTi,g_dTd;                    //PID 参数
FP32 g_dVoltage_get1;
const INT16S PT100_TEMP_S = -200;            //数组的起始温度
const INT16S PT100_TEMP_MAXNUMS = 801;       //数组的容量
#define wPT100_ResPosMax( PT100_TEMP_MAXNUMS - 1)
                                             //数组最大下标
```

```
INT16U code PT100_R_REF[ ] =                //电阻值数组
{
    1849,   1893,   1936,   1979,   2022,   2065,   2108,   2151,   2194,   2237,
    2280,   2323,   2366,   2409,   2452,   2494,   2537,   2580,   2623,   2665,
    2708,   2750,   2793,   2835,   2878,   2920,   2963,   3005,   3047,   3090,
    3132,   3174,   3216,   3259,   3301,   3343,   3385,   3427,   3469,   3511,
    3553,   3595,   3637,   3679,   3721,   3763,   3804,   3846,   3888,   3930,
    3971,   4013,   4055,   4096,   4138,   4179,   4221,   4263,   4304,   4345,
    4387,   4428,   4470,   4511,   4552,   4594,   4635,   4676,   4718,   4759,
    4800,   4841,   4882,   4923,   4964,   5006,   5047,   5088,   5129,   5170,
    5211,   5252,   5292,   5333,   5374,   5415,   5456,   5497,   5538,   5578,
    5619,   5660,   5700,   5741,   5782,   5822,   5863,   5904,   5944,   5985,
    6025,   6066,   6106,   6147,   6187,   6228,   6268,   6309,   6349,   6390,
    6430,   6470,   6511,   6551,   6591,   6631,   6672,   6712,   6752,   6792,
    6833,   6873,   6913,   6953,   6993,   7033,   7073,   7113,   7153,   7193,
    7233,   7273,   7313,   7353,   7393,   7433,   7473,   7513,   7553,   7593,
    7633,   7673,   7713,   7752,   7792,   7832,   7872,   7911,   7951,   7991,
    8031,   8070,   8110,   8150,   8189,   8229,   8269,   8308,   8348,   8388,
    8427,   8467,   8506,   8546,   8585,   8625,   8664,   8704,   8743,   8783,
    8822,   8862,   8901,   8940,   8980,   9019,   9059,   9098,   9137,   9177,
    9216,   9255,   9295,   9334,   9373,   9412,   9452,   9491,   9530,   9569,
    9609,   9648,   9687,   9726,   9765,   9804,   9844,   9883,   9922,   9961,
   10000,  10039,  10078,  10117,  10156,  10195,  10234,  10273,  10312,  10351,
   10390,  10429,  10468,  10507,  10546,  10585,  10624,  10663,  10702,  10740,
   10779,  10818,  10857,  10896,  10935,  10973,  11012,  11051,  11090,  11128,
   11167,  11206,  11245,  11283,  11322,  11361,  11399,  11438,  11477,  11515,
   11554,  11593,  11631,  11670,  11708,  11747,  11785,  11824,  11862,  11901,
   11940,  11978,  12016,  12055,  12093,  12132,  12170,  12209,  12247,  12286,
   12324,  12362,  12401,  12439,  12477,  12516,  12554,  12592,  12631,  12669,
   12707,  12745,  12784,  12822,  12860,  12898,  12937,  12975,  13013,  13051,
   13089,  13127,  13166,  13204,  13242,  13280,  13318,  13356,  13394,  13432,
   13470,  13508,  13546,  13584,  13622,  13660,  13698,  13736,  13774,  13812,
   13850,  13888,  13926,  13964,  14002,  14039,  14077,  14115,  14153,  14191,
   14229,  14266,  14304,  14342,  14380,  14417,  14455,  14493,  14531,  14568,
   14606,  14644,  14681,  14719,  14757,  14794,  14832,  14870,  14907,  14945,
   14982,  15020,  15057,  15095,  15133,  15170,  15208,  15245,  15283,  15320,
   15358,  15395,  15432,  15470,  15507,  15545,  15582,  15619,  15657,  15694,
   15731,  15769,  15806,  15843,  15881,  15918,  15955,  15993,  16030,  16067,
   16104,  16142,  16179,  16216,  16253,  16290,  16327,  16365,  16402,  16439,
```

16476，16513，16550，16587，16624，16661，16698，16735，16772，16809，
16846，16883，16920，16957，16994，17031，17068，17105，17142，17179，
17216，17253，17290，17326，17363，17400，17437，17474，17510，17547，
17584，17621，17657，17694，17731，17768，17804，17841，17878，17914，
17951，17988，18024，18061，18097，18134，18171，18207，18244，18280，
18317，18353，18390，18426，18463，18499，18536，18572，18609，18645，
18682，18718，18754，18791，18827，18863，18900，18936，18972，19009，
19045，19081，19118，19154，19190，19226，19263，19299，19335，19371，
19407，19444，19480，19516，19552，19588，19624，19660，19696，19733，
19769，19805，19841，19877，19913，19949，19985，20021，20057，20093，
20129，20165，20201，20236，20272，20308，20344，20380，20416，20452，
20488，20523，20559，20595，20631，20667，20702，20738，20774，20810，
20845，20881，20917，20952，20988，21024，21059，21095，21131，21166，
21202，21237，21273，21309，21344，21380，21415，21451，21486，21522，
21557，21593，21628，21664，21699，21735，21770，21805，21841，21876，
21912，21947，21982，22018，22053，22088，22124，22159，22194，22229，
22265，22300，22335，22370，22406，22441，22476，22511，22546，22581，
22617，22652，22687，22722，22757，22792，22827，22862，22897，22932，
22967，23002，23037，23072，23107，23142，23177，23212，23247，23282，
23317，23352，23387，23422，23456，23491，23526，23561，23596，23631，
23665，23700，23735，23770，23804，23839，23874，23909，23943，23978，
24013，24047，24082，24117，24151，24186，24220，24255，24290，24324，
24359，24393，24428，24462，24497，24531，24566，24600，24635，24669，
24704，24738，24773，24807，24841，24876，24910，24945，24979，25013，
25048，25082，25116，25150，25185，25219，25253，25288，25322，25356，
25390，25424，25459，25493，25527，25561，25595，25629，25664，25698，
25732，25766，25800，25834，25868，25902，25936，25970，26004，26038，
26072，26106，26140，26174，26208，26242，26276，26310，26343，26377，
26411，26445，26479，26513，26547，26580，26614，26648，26682，26715，
26749，26783，26817，26850，26884，26918，26951，26985，27019，27052，
27086，27120，27153，27187，27220，27254，27288，27321，27355，27388，
27422，27455，27489，27522，27556，27589，27623，27656，27689，27723，
27756，27790，27823，27856，27890，27923，27956，27990，28023，28056，
28090，28123，28156，28189，28223，28256，28289，28322，28355，28389，
28422，28455，28488，28521，28554，28587，28621，28654，28687，28720，
28753，28786，28819，28852，28885，28918，28951，28984，29017，29050，
29083，29116，29149，29181，29214，29247，29280，29313，29346，29379，
29411，29444，29477，29510，29543，29575，29608，29641，29674，29706，
29739，29772，29804，29837，29870，29902，29935，29968，30000，30033，

30065, 30098, 30131, 30163, 30196, 30228, 30261, 30293, 30326, 30358,
30391, 30423, 30456, 30488, 30520, 30553, 30585, 30618, 30650, 30682,
30715, 30747, 30779, 30812, 30844, 30876, 30909, 30941, 30973, 31005,
31038, 31070, 31102, 31134, 31167, 31199, 31231, 31263, 31295, 31327,
31359
};

```c
INT16U g_wSearchNums,g_wTop,g_wBottom;  //查表法的指针
FP32 g_dDestTemp,g_dNowTemp,g_dStepTemp,g_dPosTemp;
INT8U g_ucPIDFirstCal;                            //首次计算 PID 标志
const INT16U g_wPIDOpenTime_Max = 500;
INT16U g_wPIDOpenTime;
FP32 CalP100Temperature( INT16U wRes,INT16S iTempS,INT16U wBotMax);

void main( void)
{
    INT8U i,j;

    EA = 0;
    IE = 0;
    EA = 0;

#if( 1 = = EX0_EN)
    IniEx0( );                          //初始化外部中断 0
#endif

#if( 1 = = EX1_EN)
    IniEx1( );                          //初始化外部中断 1
#endif

#if( 1 = = T0_EN)
    IniT0( );                           //初始化 T0
#endif

#if( 1 = = UART_EN_0)
    IniSerial_0( );                     //初始化串口 0
#endif

#if( 1 = = UART_EN_1)
```

```
        IniSerial_1( ) ;                    //初始化串口 1
#endif

#if( 1 = = T1_EN)                           //初始化 T1
        IniT1( ) ;
#endif

#if( 1 = = T2_EN)
        IniT2( ) ;                          //初始化 T2
#endif

ET2 = 1 ;
TR2 = 1 ;
EA = 1 ;
MCP3421_Init( ) ;                           //初始化 AD
MCP3421_start( 0 ) ;                        //启动 AD
g_dDestTemp = 170 ;                         //目标温度 170
g_dKp = 0. 4 ;                              //PID 参数
g_dTi = 100 ;
g_dTd = 1 ;
CH_PIDInit( &g_PID,g_dDestTemp) ;           //初始化 PID
g_ucPIDFirstCal = 1 ;
g_wPIDOpenTime = 0 ;
while( 1 )
{
    EA = 1 ;
    if( T0_Sencond > = 250 )                //0.5s 执行一次
    {
        T0_Sencond = 0 ;
        MCP3421_read_adc( 0 ,&g_dVoltage_get1 ) ;
                            //1mA 恒流,PT00 上的电压,即为电阻
        //查表插值法,计算温度
        g_dNowTemp = CalP100Temperature( ( INT16U ) ( g_dVoltage_get1 * 100
            + 0. 5 ) , - 200 ,wPT100_ResPosMax ) ;
        g_dVoltage_get1 = g_dNowTemp ;
        if( g_dVoltage_get1 < 0 )                   //负数
        {
            g_LED_buf[ 7 ] = 0xBF ;
            g_dVoltage_get1 = - g_dVoltage_get1 ;
```

```
        }
        else
        {
            g_LED_buf[7] = LEDCode[20];
        }
        if((INT16U)g_dVoltage_get1 / 100 == 0)
        {
            g_LED_buf[6] = 0xFF;                              //百位
        }
        else
        {
            g_LED_buf[6] = LEDCode[(INT16U)g_dVoltage_get1 / 100];
        }
        g_LED_buf[5] = LEDCode[(INT16U)g_dVoltage_get1 % 100 / 10];
                                                              //十位
        g_LED_buf[4] = LEDCode[(INT16U)g_dVoltage_get1 % 10];
                                                              //个位
        g_LED_buf[4] = g_LED_buf[4] & 0x7F;              //小数点
        g_LED_buf[3] = LEDCode[(INT32U)(g_dVoltage_get1 * 10) % 10];
                                                              //0.1 位
        g_LED_buf[2] = LEDCode[(INT32U)(g_dVoltage_get1 * 100) % 10];
                                                              //0.01 位
        g_LED_buf[1] = LEDCode[(INT32U)(g_dVoltage_get1 * 1000) % 10];
                                                              //0.001 位
        g_LED_buf[0] = LEDCode[20];

        for(i = 0; i < 8; i++)                                //传输到显示缓存
        {
            g_LED_buf_T[i] = g_LED_buf[i];
        }
        g_dStepTemp = CH_PIDCalc(&g_PID, g_dNowTemp);
                                                              //PID 计算
        if(g_ucPIDFirstCal == 1)                              // 如果首次 PID
                                                              //   计算,
                                                              //   dPosTemp 计算

        {
            g_ucPIDFirstCal = 0;
            g_dPosTemp = g_dStepTemp;
        }
```

```
else
{
    g_dPosTemp = g_dPosTemp + g_dStepTemp;
}
if( g_dPosTemp >= 22 )                                //PID 范围限制
{
    g_dPosTemp = 22;
}
if( g_dPosTemp <= - 22 )                              // <= 22
{
    g_dPosTemp = - 22;
}
// ----------------- PWM PID -------------------------
if( g_dPosTemp >= 20 )                               //取 PWM 最大
{
    g_wPIDOpenTime = g_wPIDOpenTime_Max;
}
else if( g_dPosTemp <= 0 )                           //关闭
{
    g_wPIDOpenTime = 0;
}
else
{
    g_wPIDOpenTime = fabs( g_dPosTemp )/20 * g_wPIDOpenTime_Max;
}
if( g_dDestTemp - g_dNowTemp >= 20 )
{
    g_ucPIDFirstCal = 1;
    g_dPosTemp = 22;
    g_wPIDOpenTime = g_wPIDOpenTime_Max;
    CH_PIDInit( &g_PID, g_dDestTemp );
}
else if( g_dNowTemp - g_dDestTemp >= 20 )
{
    g_ucPIDFirstCal = 1;
    g_dPosTemp = - 22;
    g_wPIDOpenTime = 0;
    CH_PIDInit( &g_PID, g_dDestTemp );
}
```

```
                }
            }
        }


        void IntT0( void) interrupt 1                         //2ms 定时器
        {
            TH0 = ( T0_TIME) >> 8;
            TL0 = ( T0_TIME);

            T0_Sencond ++;
            if( T0_Sencond >= 2000)
            {
                T0_Sencond = 2000;
            }
            MSec10 ++;
            if( g_wPIDOpenTime == 0)                          //关可控硅
            {
                BTA16_0PORT = 0;
                MSec10 = 0;
                return;
            }

            if( MSec10 <= g_wPIDOpenTime)                     //可控硅占空比控制
            {
                BTA16_0PORT = 1;
            }
            else
            {
                BTA16_0PORT = 0;
            }
            if( MSec10 >= g_wPIDOpenTime_Max)                 //计时清零
            {
                MSec10 = 0;
            }
        }
```

三、PT100程序部分

```
//查表插值法,计算 PT100 温度
FP32 CalP100Temperature( INT16U wRes, INT16S iTempS, INT16U wBotMax)
```

```
{
    // PT100_R_REF
    INT16U wTop, wMiddle, wBottom;
    INT8U ucFind;
    FP32 t;

    g_wSearchNums = 0;
    if( wRes <= PT100_R_REF[0] )                    // 过低
    {
        t = iTempS;
        return t;
    }
    else if( wRes >= PT100_R_REF[wBotMax] )          // 过高
    {
        t = (FP32)iTempS + wBotMax;
        return t;
    }
    wTop = 0;
    wBottom = wBotMax;
    ucFind = 0;
    while( wTop + 1 < wBottom && !ucFind )
    {
        wMiddle = ( wTop + wBottom ) / 2;
        if( PT100_R_REF[wMiddle] == wRes )
        {
            ucFind = 1;
        }
        else
        {
            if( wRes < PT100_R_REF[wMiddle] )
            {
                wBottom = wMiddle;
            }
            else
            {
                wTop = wMiddle;
            }
        }
        g_wSearchNums ++;
```

```
        }
    g_wTop = wTop;
    g_wBottom = wBottom;
    if( ucFind )                              //如果查表相等
    {
        t = ( FP32 )iTempS + wMiddle;
        return t;
    }
    else                                      //否则,插值
    {
        t = wRes – PT100_R_REF[ wTop ];
        t = t / ( PT100_R_REF[ wBottom ] – PT100_R_REF[ wTop ] );
        return t + iTempS + wTop;
    }
}
```

四、PID驱动程序部分

```
//PID. h
#ifndef __PID_T_H__
#define __PID_T_H__

typedefstruct CH_PID
{
    double   dDesired;
    double T;
    double Kp;                                //比例
    double Ti;                                //积分
    double Td;                                //微分
    double Err_n_2;
    double Err_n_1;
    doubleErr_n;
}
C_PID;

extern C_PID g_PID;
extern void CH_PIDInit( C_PID  * p, doubledDest )  ;
extern double CH_PIDCalc( C_PID  * p, doubledValue )  ;
#endif
```

```
// PID. c
C_PID g_PID;

voidCH_PIDInit( C_PID   * p , doubledDest )
{
    p -> Err_n_2 = 0;
    p -> Err_n_1 = 0;
    p -> T = 1;
    p -> Kp = g_dKp;                              // 比例常数
    p -> Ti = g_dTi;                              // 积分常数
    p -> Td = g_dTd;                              // 微分常数
    p -> dDesired = dDest;
}


doubleCH_PIDCalc( C_PID   * p , doubledValue )
{
    doubledIncpid;

    p -> Err_n = p -> dDesired - dValue;          // 增量计算
    dIncpid = ( p -> Err_n - p -> Err_n_1 );
    dIncpid = dIncpid + p -> T * p -> Err_n / p -> Ti;
    dIncpid = dIncpid + ( p -> Err_n - 2 * p -> Err_n_1 + p -> Err_n_2 ) / p -> T
        * p -> Td;
    dIncpid = p -> Kp * dIncpid;
    p -> Err_n_2 = p -> Err_n_1;                  // 存储误差,用于下次计算
    p -> Err_n_1 = p -> Err_n;
    return( dIncpid );
}
```

第 11 章　电源电路应用

　　电源类设计是电子设计的一个重要领域,它以电能变换作为研究对象,利用功率半导体器件按照一定的模式对电能进行变换和控制.电子设备中的稳压电源可以分为线性稳压电源和开关稳压电源两类.线性稳压电源通过改变调整管的压降实现稳压功能,调整管工作在线性状态,电源的效率不高,一般为 40% ~ 60%.开关稳压电源利用改变调整期间的导通和截止时间控制电压的稳定,调整管工作在开关状态,电源效率很高,可以达到 75% ~ 95%.直流 DC/DC 转换器可以分为两类,一类是有隔离的,称为隔离式 DC/DC 转换器;另一类是没有隔离的,称为非隔离式 DC/DC 转换器.非隔离式常采用降压 Buck 电路、升压型 Boost 电路和升压-降压型 Boost-Buck 电路.

　　本章介绍一种开关稳压电源模块并联供电系统(不允许使用线性电源及成品的 DC/DC 模块),该设计主要由单片微机部分、Buck 电路、电路分配控制电路、MCP3421 差分采样控制电路、键盘扫描电路、OCM12864 液晶显示电路等功能模块组成.Buck 电路由单片微机采样电压利用 PWM 控制实现;电流监控由 MCP3421 差分采样通过精密测量实现;单片微机控制模块以 STC12C5A60S2 的 51 单片微机为控制核心,实现开关电源模块并联供电系统.

11.1　开关电源模块并联供电系统

❋ 一、任务

　　设计并制作一个由两个额定输出功率均为 16W、电压均为 8V 的 DC/DC 模块构成的并联供电系统.

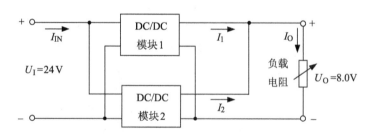

图 11-1　两个 DC/DC 模块并联供电系统主电路示意图

❋ 二、要求

　　1. 调整负载电阻至额定输出功率工作状态,供电系统的直流输出电压 $U_0 = (8.0 \pm 0.4)$V.

2. 额定输出功率工作状态下,供电系统的效率不低于 70%.

3. 调整负载电阻,保持输出电压 $U_0 = (8.0 \pm 0.4)\,V$,使负载电流 I_0 在 $1.0 \sim 4.0A$ 变化时,两个模块的输出电流在 $0.5 \sim 2.0A$ 比例范围内按指定值自动分配,每个模块的输出电流相对误差的绝对值不大于 2%.

4. 具有负载短路保护及自动恢复功能,保护阈值电流为 4.5A.

11.2　分析计算和电路实现

一、单片微机控制显示

1. MCU 的选择.

STC12C5A60S2 单片微机是宏晶科技生产的单时钟/机器周期(1T)的单片微机,是高速、低功耗、超强抗干扰的新一代 8051 单片微机,指令代码完全兼容传统 8051,但速度比传统的快 $8 \sim 12$ 倍. 内部集成 MAX810 专用复位电路,2 路 PWM,8 路高速 10 位 A/D 转换,适用于电机控制、强干扰场合.

本设计中需要 3 路 PWM,选用 STC12C5A60S2 单片微机作为控制芯片,其中 2 路 8 位硬件 PWM 用来控制 2 路 DC/DC 模块,第 3 路 PWM 可以用定时器软件模拟,定时器频率为 100kHz,软件模拟的 PWM 为 1kHz,分辨率为 1%,用来进行电流分配比例控制.

2. 键盘扫描和 LCD 显示.

键盘扫描选用 1×4 键盘,因为显示内容较多,显示部分采用 OCM12864 液晶屏,分辨率为 128×64. 单片微机系统电路如图 11-2 所示,液晶电路如图 11-3 所示.

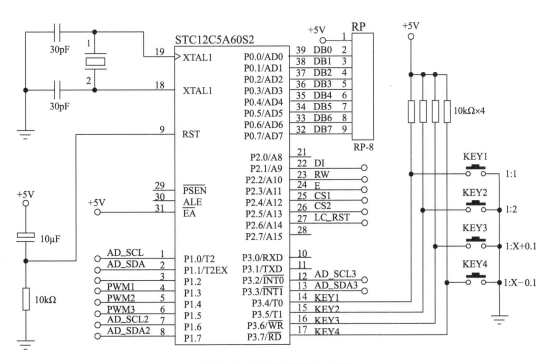

图 11-2　单片微机控制电路图

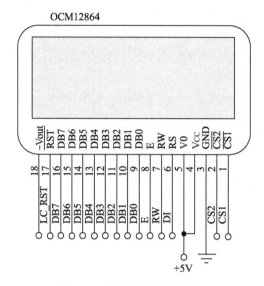

图 11-3　图形液晶控制电路图

二、Buck电路和并联供电电路部分

1. 开关稳压电源的选择.

Buck 电路是脉宽调制(PWM)式降压型开关稳压电路,其基本原理是将快速通断的开关管置于输入与输出之间,通过调节通断占空比来控制输出直流电压的平均值.该平均电压由可调宽度的方波脉冲构成,方波脉冲的平均值就是直流输出电压.Buck 电路的效率很高,一般可以达到 70% 以上.本设计输入 24V,输出 8V,所以选用 Buck 电路.开关稳压电源和并联供电电路图如图 11-4 所示.

2. 开关管的选择.

开关稳压电源中的开关管是影响电源可靠性的关键器件,主电路中用作开关的功率管主要有双极性晶体管和 MOS 两种.本设计输入电压 24V,输出电压 8V,输出电流超过 4A;本系统选用的 MOS 管 75NF75,耐压 75V,最大电流 75A.开关管的一个重要参数就是导通电阻 R_{DS},R_{DS} 直接影响开关电源输出损耗,75NF75 的 R_{DS} 只有 $13m\Omega$,其功耗非常低.因此选择 75NF75 有利于提高电源效率.

3. AD 采样芯片的选择.

AD 采样芯片选用具有差分功能的 MCP3421,电压和电流采样电路图如图 11-5 所示.

4. 控制电路分析与计算.

为降低 MOS 的功耗,MOS 管 75NF75 的栅源电压需要 10V 以上,采用三极管 Q_5、Q_6、Q_7、Q_8 进行电平转换,可以把 24V 加到栅极;MOS 管 Q_3、Q_4 的栅极驱动电压是反向关系,实现分配电流功能.

电阻 R_5、R_6、R_7、R_8 分别对 Buck 电路输出电压进行分压,最大分压值为 $24/11 \approx 2.18(V)$,满足 AD 采样芯片的量程和较高的电压分辨率(PGA 增益为 ×1,12 位采样率,分辨率是 1mV),对 8V 电压的测量精度为 0.0125%;R_{16} 为采样电阻,用来监测输出总电流,阻值选取 $1m\Omega$,以保证通过 4A 电流时的低功耗.对 R_{16} 进行差分采样,AD 芯片 MCP3421 选择

PGA 增益为 ×8,16 位采样率的分辨率为 7.8125μV,量程为 256mV,则采样电阻上的可测最大电流为 0.256/0.001 = 256(A) , 远大于 4A, 满足设计要求;电流分辨率为 7.8125μV/0.001Ω = 7.8125mA,4A 时电流的测量精度为 0.2% ,也满足设计要求.

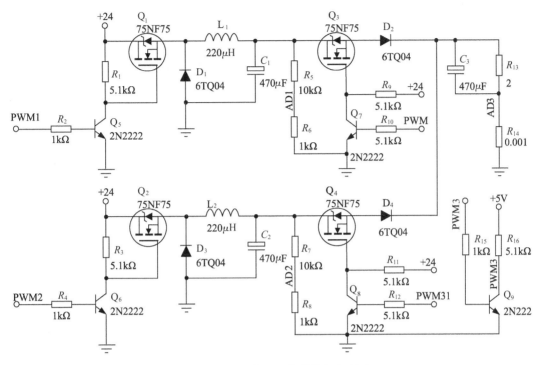

图 11-4　开关电源和并联供电电路图

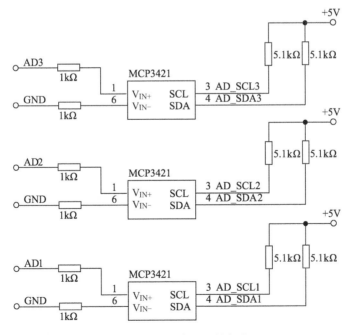

图 11-5　电压和电流采样电路图

11.3　系统软件设计

一、软件流程图

软件流程图如图 11-6 所示.

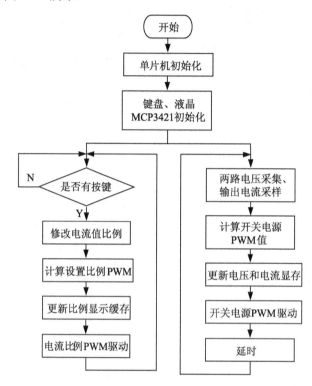

图 11-6　软件流程图

二、主函数部分

```
INT8U idatas[18];
FP32 idata g_dV_get1,g_dV_get2,g_dI_get1;
const INT16U g_wPWMOpenTime_Max = 100;
INT16U idata g_wPWMOpenTime,g_wPWMOpenTime_2,g_wPWMOpenTime_3;
FP32 idatag_fPWM_Ratio = 1;
INT16U idatag_wProtectCount;
INT8U g_ucProtectFlag;

voidPWM_FeedBack(void);

void main(void)
{
```

```
    INT8U i,j;

    EA = 0;
    IE = 0;
    EA = 0;
    #if( 1 = = EX0_EN )
        IniEx0( );                              //初始化外部中断 0
    #endif

    #if( 1 = = EX1_EN )
        IniEx1( );                              //初始化外部中断 1
    #endif

    #if( 1 = = T0_EN )
        IniT0( );                               //初始化 T0
    #endif

    #if( 1 = = UART_EN_0 )
        IniSerial_0( );                         //初始化串口 0
    #endif

    #if( 1 = = UART_EN_1 )
        IniSerial_1( );                         //初始化串口 1
    #endif

    #if( 1 = = T1_EN )                          //初始化 T1
        IniT1( );
    #endif

    #if( 1 = = T2_EN )
        IniT2( );                               //初始化 T2
    #endif

    IniKeyBoard( );
    MCP3421_Init( );
    MCP3421_start( 0 );
    MCP3421_Init_2( );
    MCP3421_start_2( 0 );
    MCP3421_Init_3( );
```

```
MCP3421_start_3(0);
init_lcd ( );
LcdCls( );
GXM12864_string_16X_16Y(2,0, g_topic1,4);
GXM12864_string_16X_16Y(0,1, g_topic2,8);
PWM1_PORT = 1;
PWM2_PORT = 1;
PWM_init(0.9,0.9);
g_wPWMOpenTime = 26;
g_wPWMOpenTime_2 = 26;
g_wPWMOpenTime_3 = g_wPWMOpenTime_Max / 2;
while(1)
{
    EA = 1;
    MCP3421_read_adc(0,&g_dV_get1);
    MCP3421_read_adc_2(0,&g_dV_get2);
    MCP3421_read_adc_3(0,&g_dI_get1);
    if(g_ucProtectFlag) g_dI_get1 = 0;
    if(g_dI_get1 > 4.5)
    {
        CCAPM0 = 0X00;
        CCAPM1 = 0X00;
        PWM1_PORT = 1;
        PWM2_PORT = 1;
        g_ucProtectFlag = 1;
        g_wProtectCount = 150;
    }
    if(g_ucProtectFlag&&g_wProtectCount == 0)
    {
        g_ucProtectFlag = 0;
        CCAPM0 = 0X42;
        CCAPM0 = 0X42;
    }
    if(key_fun == 0)
    {
        HandlerKey( );
    }
    if(key_fun)
    {
```

```
switch(key_KeyCMD)
    {
        case 1:                                    //1:1
            g_wPWMOpenTime_3 = g_wPWMOpenTime_Max / 2;
            g_fPWM_Ratio = 1;
            break;
        case 2:                                    //1:2
            g_wPWMOpenTime_3 = g_wPWMOpenTime_Max - g_wPWMOpenTime_
                Max / 3.0 + 0.5;
            g_fPWM_Ratio = 2;
            break;
        case 3:                                    //1:x +0.1
            g_fPWM_Ratio = g_fPWM_Ratio + 0.1;
            g_wPWMOpenTime_3 = g_wPWMOpenTime_Max - g_wPWMOpenTime_
                Max / (1 + g_fPWM_Ratio ) -0.5;
            break;
        case 4:                                    //1:x -0.1
            if( g_fPWM_Ratio > 0.2) g_fPWM_Ratio = g_fPWM_Ratio - 0.1;
                g_wPWMOpenTime_3 = g_wPWMOpenTime_Max - g_
                wPWMOpenTime_Max / (1 + g_fPWM_Ratio ) -0.5;
            break;
    }
    key_fun = 0;
}
sprintf(s,"I1:I2 = 1:%.1f %4.2f",g_fPWM_Ratio,g_dI_get1);
    GXM12864_string_8X_16Y(0,2,s);
sprintf(s,"%4.1fv %4.1fv",g_dV_get1,g_dV_get2);
    GXM12864_string_8X_16Y(0,3, s);
PWM_FeedBack( );
}
}
```

三、PWM驱动程序部分

```
void PWM_init(FP32 duty1,FP32 duty2)
{
    INT8U t;

    CCON = 0;                        //PCA 初始化
    CL = 0;                          //PCA 的 16 位计数器低 8 位
}
```

```
        CH = 0;                              //PCA 的 16 位计数器高 8 位
        CMOD| = (1 << 1);                    //Disable PCA timer overflow interrupt
                                             //Set PCA timer clock source as Fosc/4

        t = (1 - duty1) * 255 + 0.5;
        CCAP0L = t;
        CCAP0H = t;                          //模块 0 初始输出
        t = (1 - duty2) * 255 + 0.5;
        CCAP1L = t;
        CCAP1H = t;                          //模块 1 初始输出

        CCAPM0 = 0X42;                       //模块 0 设置为 8 位 PWM 输出, 无中断
        CCAPM1 = 0X42;                       //模块 1 设置为 8 位 PWM 输出, 无中断
        CR = 1;                              //PCA 计数器开始计数
    }


void IntT0(void)    interrupt 1
{
        TH0 = (T0_TIME) >> 8;
        TL0 = (T0_TIME);
        T0_Sencond ++;
        if(T0_Sencond >= 10)                 //10ms
        {
            T0_Sencond = 0;
            LED_3 = !LED_3;
            if(g_wProtectCount) g_wProtectCount -- ;
            CheckKeyValid();
        }
        MSec10 ++;
        if(MSec10 <= g_wPWMOpenTime_3)
        {
            PWM3_PORT = 1;
        }
        else
        {
            PWM3_PORT = 0;
        }
        if(MSec10 >= g_wPWMOpenTime_Max)
        {
            MSec10 = 0;
```

```
        }
    }


voidPWM_FeedBack( void)
{
    INT16U t;
    const FP32 fDest = 8. 5;

    t = fDest * g_wPWMOpenTime / ( g_dV_get1 + 0. 0001) + 0. 5;
    if( t = = 0)
    {
     t = 1;
    }
    if( t > 255)
    {
      g_wPWMOpenTime = 255;
    }
    else
    {
      g_wPWMOpenTime = t;
    }
    CCAP0L = g_wPWMOpenTime;
    CCAP0H = g_wPWMOpenTime;
    t = fDest * g_wPWMOpenTime_2 / ( g_dV_get2 + 0. 0001) + 0. 5;
    if( t = = 0)
    {
     t = 1;
    }
    if( t > 255)
    {
      g_wPWMOpenTime_2 = 255;
    }
    else
    {
      g_wPWMOpenTime_2 = t;
    }
    CCAP1L = g_wPWMOpenTime_2;
    CCAP1H = g_wPWMOpenTime_2;
}
```

第 12 章　智能仪器设计介绍

　　智能仪器的核心是微处理器,它是以微处理器为基础,充分利用现代科技成果而设计制造出来的新型仪器,仪器的功能可替代或延伸一部分脑力劳动.其主要特点是功能丰富,性价比高;具有自校准、自检和自诊断功能;数据处理能力强,能实现复杂的运算和控制功能;人机对话能力强;单个仪器自动化水平高,多个仪器可构成自动测试系统.本章将介绍智能仪器的设计实例.

　　检测空气中悬浮颗粒物的粒径分布及质量浓度是当前环境保护部门的重要工作,这两个参数直接反映了当前空气的质量.下面将介绍对采样的气体同时进行悬浮颗粒物粒径分布和质量浓度测量的测量仪设计.因为是对同一气体同时进行测量,所以能准确反映被测区域的空气质量,并且给测量带来方便.

12.1　测量意义及测量仪的结构

　　空气中的悬浮颗粒物(又称"粉尘")能较长时间悬浮在空气中.环境保护部门将空气动力学当量直径 $>10\,\mu m$ 的悬浮颗粒称为可见粉尘,它们在静止空气中会快速沉降;将空气动力学当量直径 $\leqslant 10\,\mu m$ 的悬浮颗粒称为可吸入颗粒物.这些小粒径颗粒物能长时间漂浮于空气中,难以沉降到地面,易被吸入人体呼吸道,且粒径越小,进入人体呼吸道的位置越深,因而对人体的危害越大,因此,检测空气中悬浮颗粒物的粒径分布及质量浓度是当前环境保护部门的重要工作.这两个参数均直接反映了当前空气的质量.为了获得这两个参数,目前采用的方法是使用两台仪器,即光学尘埃粒子计数器和光学粉尘测量仪进行测量,分别得到粒径分布和质量浓度.但是采用两台仪器测量,在某些场合不能反映空气中某一区域的实际情况,这是因为两台仪器采样的空气是不同的,由于气流及其他诸多因素的影响,处于空间不同的位置的悬浮颗粒物的分布是不同的.若能采用一个测量系统得到粒径分布和质量浓度这两个参数,就能更准确地反映当前某一区域的空气质量,且给测量带来方便.虽然光学粉尘测量仪和光学尘埃粒子计数器都以悬浮颗粒物的光散射现象为工作原理,但是在测量方法上有差别.主要表现在:

　　1. 前者是基于粒子群的光散射,在测量的同一时刻,允许光敏感区内有多个粒子一起通过,因为多个粒子产生的多份散射光,在一定的浓度范围内仅散射光强度叠加,不产生测量误差;而后者是基于单个粒子的光散射,当多个粒子同时存在于光敏感区,将被甄别为一个较大粒子,从而造成测量误差.

　　2. 在信号处理上前者注重的是散射光强度与体积(质量)的关系;而后者注重于散射光强度与粒子直径的关系.

　　以下将根据这两个参数的测量原理,介绍一个一体化测量系统,对采集的同一气体同时分别测出悬浮颗粒物粒径分布和质量浓度.这种测量方法对分析某一区域的空气质量更具真实性,同时还给测量带来了方便.另外,由于将两台仪器合为了一台,大大降低了测量仪器的总成本.

12.2　测量系统组成及原理

空气悬浮颗粒物粒径分布及质量浓度测量仪的组成如图 12-1 所示.虚线框 1 是悬浮颗粒物粒径分布的信号捕捉、放大、甄别、计数功能模块;虚线框 2 是质量浓度的信号捕捉、放大、A/D 转换功能模块.相同的采样气体通过两个光学传感器进行信号转换,由微处理器处理后最终获得的数据应该是某一体积内空气悬浮颗粒物的粒径分布及质量浓度.悬浮颗粒物粒径分布测量和质量浓度测量都基于光散射原理,根据光散射原理,当尘埃颗粒的半径 r 小于光的波长 λ 时满足式(12-1).

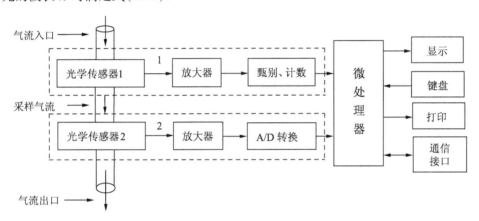

图 12-1　空气悬浮颗粒物粒径分布及质量浓度测量仪的组成框图

$$I_\theta = \frac{9\pi^2 H\cos^2\theta}{R^2\lambda^4}\left(\frac{\varepsilon - \varepsilon_0}{\varepsilon + 2\varepsilon_0}\right)\frac{\varepsilon_0^2}{\varepsilon^2}NV^2I_0 \tag{12-1}$$

式中,$V = (4/3)\pi r^3$;

N 为单位体积内的粒子数;

ε 为空气中的介电常数;

ε_0 为真空中的介电常数;

θ 为散射角;

R 为光敏感区到光电转换器的距离;

r 为粒子的半径;

I_0 为入射光的光强;

H 为与测量系统几何尺寸有关的一个常数.

显然,在某一测量系统中 λ、ε、ε_0、θ、R、H 可以认为是常数,所以散射光 I_θ 与 I_0、V、N 相关,而当尘埃颗粒一颗一颗地通过光敏感区,I_0 又不变时,可以认为散射光 I_θ 仅与 r 相关.悬浮颗粒物粒径分布测量就是基于该原理设计的,当进行质量浓度测量时,尘埃颗粒是数颗一起通过光敏感区的,在入射光保持不变的情况下,散射光 I_θ 仅与 N 相关,因此,两个接收系统的信号获取及处理方法是不同的,具体反映在气路系统、光学接收系统、光电转换及处理电路.

12.3 系统设计

一、气路系统设计

气路系统主要由采样管、进气嘴、散射腔、排气嘴、气泵等组成,它负责从空气中采集气体,使带有悬浮颗粒的气流通过光敏感区,从而获得粒子的散射光信号.因此,气体的流量(流速)直接关系到散射光与粒子的关系,即是单个粒子产生的散射光,还是多个粒子产生的散射光.其气路系统如图 12-2 所示.因为空气中的悬浮颗粒密度较高,用大流量、高流速进行采样,实现单个粒子通过光敏感区非常困难,这样就不能实现悬浮颗粒物的计数和粒径甄别.测量系统选择采样流量为 1L/min.光学传感器 1 实现悬浮颗粒物的计数,光敏感区的光束强,截面尺寸较小.为了保证采样气流中的粒子都被检测到,所以光学传感器 1 的进气嘴口径较小,使进入光敏感区的气流横截面不大于光束尺寸.同时为了保证粒子在散射腔内不产生回流和涡流,无重复计数,根据 Tollmien 的轴对称射流理论,考虑散射腔内压差的变化,设计合理的排气嘴口径及进气嘴到排气嘴的距离.光学传感器 2 实现粒子散射光总强度的收集,它接收的信号要求尽可能平滑,所以粒子在经过光学传感器 2 的光敏感区时比粒子在经过光学传感器 1 的光敏感区时速度要慢,因此,光学传感器 2 的进气嘴口径比光学传感器 1 的进气嘴口径大,这样从光学传感器 1 流出的气流到光学传感器 2 的速度就变慢了,增加了粒子重叠的机会.这样的气路设计满足了粒子计数和散射光总强度的收集.

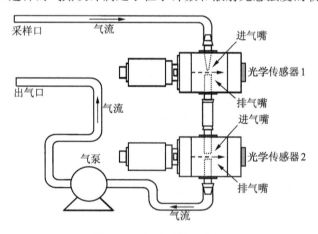

图 12-2 气路系统示意图

二、光学接收系统设计

根据光散射原理,粒子直径相对于波长的尺寸越小,前向散射与后向散射之差越小;当粒子的直径相对于波长的尺寸增大时,前向散射与后向散射之差随之加大,结果使前向散射的波瓣增大;当粒子的尺寸远大于波长的尺寸时,散射光实际上都集中在前向.考虑到空气中悬浮颗粒物的粒径分布虽然很广,非常复杂,但对人构成危害的主要是粒径为 $0.3 \sim 10 \mu m$

的微粒,因此光学传感器采用近前向型散射结构形式、大角度散射光收集系统,其结构如图 12-3 所示.根据两个光学传感器接收信号的特点,光学传感器 1 的散射光收集系统注重于散射光强度与粒子直径的关系;光学传感器 2 的散射光收集系统注重于散射光的总强度.

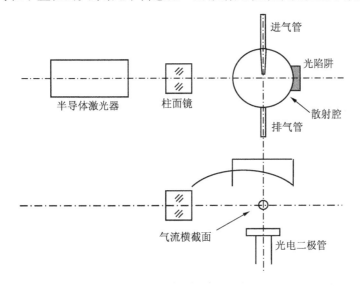

图 12-3　光学接收系统结构图

光电转换器件是接收系统中极其重要的器件,其有效接收面积、频谱范围、频谱峰值、光灵敏度、暗电流及截止频率等参数都直接影响整个系统的接收灵敏度.以光学传感器 1 的截止频率来分析,粒子经过光敏感区的流速应按式(12-2)计算,光敏感区的体积元如图 12-4 所示.

$$v = [V \div (3.14 \times R^2)] \div 60 \qquad (12\text{-}2)$$

式中,V 为抽气泵的采样流量,测量系统的采样流量为 $1000000(\text{mm})^3/\text{min}$;$R$ 为进气嘴的半径,取 0.5mm.将这些参数代入式(12-2),光敏感区的体积元流速 v 约为 21231mm/s.

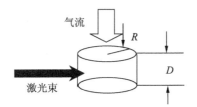

图 12-4　光敏感区的体积元

图 12-4 中,当 D 选取 0.12mm 时,粒子经过光敏感区的时间为 $T = 0.12\text{mm} \div 21231\text{mm/s} \approx 5.6\mu s$,$f = 1/5.6\mu s \approx 180\text{kHz}$.

选用日本滨松公司 S1223-01 型 PIN 半导体光电接收器,该接收器的主要参数如表 12-1 所示,其截止频率 f_c 达 20MHz,完全能满足采样速率的要求.而光学传感器 2 的 R 为 1.1mm,所以粒子通过光学传感器 2 时的流速比通过光学传感器 1 时的流速要小得多,用该接收器同样能满足采样速率.

光学传感器的光源采用半导体激光器,波长为 780nm.S1223-01 型光电接收器的频谱范围为 320～1060nm,完全满足 780nm 的半导体激光器的要求.

表 12-1　S1223-01 型 PIN 半导体光电接收器主要参数

有效接收尺寸 /(mm×mm)	频谱范围 λ/nm	频谱峰值 λ_P/nm	暗电流 I/nA		截止频率 $f_{c,Typ}$ /MHz
			I_{Typ}	I_{Max}	
3.6×3.6	320～1060	920	0.15	10	20(V_R=20V)

❀ 三、电路处理系统设计

电路处理系统由信号处理和微处理器控制两大部分组成.从图 12-1 可以看出,信号处理部分又分为两部分,分别处理光学传感器 1 和光学传感器 2 送出的信号.光学传感器 1 输出的电脉冲信号经放大后,通过幅度甄别电路将离散的电脉冲信号转变为一系列幅度相同、与粒径相关的脉冲信号,通过 N 路计数电路,分别记录 N 挡粒径的粒子数,由微处理器读取数据后进行处理.光学传感器 2 送出的是粉尘信号,是多个粒子产生的多份散射光的叠加信号,因此它是一个随粒子多少而变化的模拟信号,该信号经放大后,送 A/D 转换器进行模数转换,然后送微处理器进行处理.两路信号经微处理器处理后,就获得了某一单位体积气体的粉尘浓度及粒子的粒径分布.从传感器送出的信号非常微弱,所以放大器均须采用高增益、低噪声、高输入阻抗的运算放大器.

❀ 四、计算机系统设计

微处理器可以采用 ATMEL89C 系列单片微型计算机.测量仪通过 LCD 显示器显示当前测量的数据,通过测量仪内置打印机打印数据.

测量仪具有 RS-232C 标准串行通信接口,可实现 PC 对测量仪的测量控制.若使用 RS-232C TO USB 硬件接口,PC 可通过 USB 接口实现对测量仪的控制.当采用 PC 进行控制时,其界面为一个与测量仪相同的虚拟测量仪面板,所有操作均通过点击鼠标实现.在任何情况下,不管是通过测量仪键盘还是通过点击鼠标在虚拟键盘上操作,两个面板的显示状态都同步改变,数据始终保持一致.因为测量仪的数据可通过串行口传送给 PC,所以用户可以在 PC 上对数据进行分析、处理、打印、储存.

❀ 五、软件设计

程序设计采用模块化设计,主要有主程序模块、A/D 转换模块、计数器数据读取模块、显示模块、通信模块、键扫描及数据处理模块等.

微处理器处理的是随机信号,必须采取抗干扰措施,否则极易将干扰信号作为被测信号进行处理,并被储存.因此,测量仪除了在硬件设计中加强了抗干扰设计外,在各程序模块中应分别融入相应的抗干扰措施,在显示模块中采用重复刷新技术,避免了显示屏显示错误信息.在通信模块中应采用抗查询死循环措施,防止由于通信过程中出错导致"死机".A/D 转换模块、计数器数据读取模块、数据处理模块可以采用多种数字滤波技术,如程序判断法、去极值平均滤波法等.

参考文献

[1] 邹丽新,翁桂荣. 单片微型计算机原理[M]. 2 版. 苏州:苏州大学出版社,2009.

[2] 翁桂荣,邹丽新. 单片微型计算机接口技术[M]. 苏州:苏州大学出版社,2002.

[3] 朱欣华,邹丽新,朱桂荣. 智能仪器原理与设计[M]. 北京:高等教育出版社,2011.

[4] 徐大成,邹丽新,丁建强. 微型计算机控制技术及应用[M]. 北京:高等教育出版社,2003.

[5] 周航慈. 单片机应用程序设计技术[M]. 北京:北京航空航天大学出版社,1991.

[6] 戴胜华,蒋大明. 单片机原理与应用[M]. 北京:北京交通大学出版社,2005.

[7] 何立民. 单片机应用技术选编. 8[M]. 北京:北京航空航天大学出版社,2000.

[8] 余永权. ATMEL89 系列 MCS-51 兼容 Flash 单片机原理及应用[M]. 北京:电子工业出版社,1997.

[9] 窦振中. 单片机外围器件实用手册. 存储器分册[M]. 北京:北京航空航天大学出版社,1998.

[10] 谭浩强. C 程序设计[M]. 4 版. 北京:清华大学出版社,2010.

[11] 谢维成,杨加国. 单片机原理与应用及 C51 程序设计[M]. 北京:清华大学出版社,2009.

[12] 徐爱钧. Keil C51 单片机高级语言应用编程技术[M]. 北京:电子工业出版社,2015.

[13] 郭天祥. 新概念 51 单片机 C 语言教程[M]. 北京:电子工业出版社,2009.

[14] 杨欣,张延强,张铠麟. 实例解读 51 单片机完全学习与应用[M]. 北京:电子工业出版社,2011.

[15] 郑锋等. 51 单片机应用系统典型模块开发大全[M]. 北京:中国铁道出版社,2013.

[16] 孙安青. MCS-51 单片机 C 语言编程 100 例[M]. 北京:中国电力出版社,2015.

[17] 林立,张俊亮. 单片机原理及应用:基于 Proteus 和 Keil C[M]. 北京:电子工业出版社,2014.

[18] 陈蕾. 单片机原理与接口技术[M]. 北京:机械工业出版社,2012.

[19] 彭伟. 单片机 C 语言程序设计实训 100 例:基于 8051 + Proteus 仿真[M]. 2 版. 北京:电子工业出版社,2012.

[20] 康华光. 电子技术基础. 模拟部分[M]. 6 版. 北京:高等教育出版社,2013.

[21] 康华光. 电子技术基础. 数字部分[M]. 6 版. 北京:高等教育出版社,2013.

[22] 黄根春,周立青,张望先. 全国大学生电子设计竞赛教程——基于 TI 器件设计方法[M]. 北京:电子工业出版社,2011.

［23］于歆杰.电路原理［M］.北京：清华大学出版社,2007.

［24］（美）卡特.运算放大器权威指南［M］.4 版.北京：人民邮电出版社,2014.

［25］胡寿松.自动控制原理［M］.6 版.北京：科学出版社,2013.

［26］胡汉才.单片机原理及其接口技术［M］.3 版.北京：清华大学出版社,2010.

［27］朱兆优等.单片机原理与应用：基于 STC 系列增强型 80C51 单片机［M］.3 版.北京：电子工业出版社,2016.